Hundesprache

AUTORIN: KATHARINA SCHLEGL-KOFLER | FOTOGRAFIN: MONIKA WEGLER

Inhalt

ABC der Hundesprache

Hunde leben wie wir Menschen in Gruppen. Damit sich die Mitglieder untereinander verständigen können, brauchen sie eine gemeinsame Sprache. Hunde und Menschen haben differenzierte Möglichkeiten zur Kommunikation. Das ist die Grundlage, damit die Vierbeiner uns verstehen können und wir sie.

Kommunikation – wozu?

Für die Vorfahren unserer Hunde, die Wölfe, ist eine differenzierte Kommunikation lebenswichtig. Ihr Überleben hängt unter anderem davon ab, wie gut sie auf der Jagd zusammenarbeiten. Nur mit der richtigen Taktik gelingt es ihnen letztlich, die Beute zu erlegen. Und auch sonst muss das Zusammenleben funktionieren. Wer geht mit auf die Jagd? Wer bleibt bei den Welpen? Wer ist Chef? Und wo droht Gefahr? Wenn sich Rudelmitglieder einmal nicht so grün sind, darf das nicht gleich in einen Kampf ausarten, denn Verletzte können nicht mit auf die Jagd. Dadurch ware aber der Jagderfolg gefährdet. Also muss eine Meinungsverschiedenheit mit anderen Gesten bereinigt werden.

Diese und viele weitere Situationen erfordern also eine sehr differenzierte Verständigung. Wölfe verfügen daher über sehr viele verschiedene und feine Signale, um das Zusammenleben zu regeln.

Beim Hund sieht es etwas anders aus, denn im Zusammenleben mit dem Mensch war eine derart nuancierte »Sprache« nicht mehr in dem Maß notwendig. So ging im Lauf der Domestikation, also auf dem Weg vom Wolf zum Hund, einiges verloren, und daher ist die »Hundesprache« im Vergleich zu der des Wolfes nicht ganz so differenziert.

Für die Kommunikation ist zum einen jemand nötig, der eine Botschaft sendet, zum anderen muss aber der Adressat in der Lage sein, diese Botschaft wahrzunehmen und richtig zu deuten. Dafür benötigt der Hund, aber auch der Mensch seine Sinne. Die Sinne unterscheiden sich bei Mensch und Hund jedoch gewaltig. Spielen bei uns Menschen Hören und Sehen die wichtigste Rolle, kommt beim Hund die große Welt der Gerüche dazu. Besonders beim Hören und Riechen ist uns der Hund weit überlegen (→ Wahrnehmung durch die Sinne, Seite 8/9).

Höchstleistungen der Sinne

Ihre Sinne brauchen Hunde bzw. Hundeartige nicht nur zur Verständigung untereinander oder zum »Sprechen« mit uns Menschen, sondern in der Natur auch, um Beutetiere aufzuspüren oder Gefahren rechtzeitig zu erkennen. Bei der Geburt arbeiten zunächst nur der Geruchssinn und das Wärmeempfinden ein wenig, erst nach und nach entwickeln sich alle Sinne bis zur vollen Leistungsfähigkeit. Wie bei uns Menschen lassen die Sinne auch beim Hund im Alter aber wieder nach. Wir Menschen merken davon in erster Linie, dass der Hund schlechter hört und sieht.

Wie Hunde hören

Bestimmt haben Sie schon öfters festgestellt, dass Ihr Hund vermeintlich ohne Grund bellt oder plötzlich schwanzwedelnd zur Tür läuft. Sie selbst haben gar nichts bemerkt. Aber der Hund hat etwas gehört, vielleicht eine Katze, die draußen herumstreicht, oder Schritte, die sich dem Haus nähern. Hunde nehmen Geräusche viel früher als wir wahr, können sie sehr gut voneinander unterscheiden und besser orten. Hunde hören Geräusche im Bereich bis zu 60 000 Hertz, wir Menschen nur bis 20 000 Hertz. Sehr tiefe Töne können sie zwar nicht hören, aber dafür solche im Ultraschallbereich. Stehohren helfen zusätzlich bei der Wahrnehmung.

Wie Hunde sehen

Im Vergleich zu uns sehen Hunde anders. Nachts und in der Dämmerung ist ihr Sehvermögen durch ihre reflektierende Netzhaut *(Tapetum licidum)* viel besser als unseres. Dafür sehen sie in der Nähe weniger scharf als wir, haben aber ein größeres Sichtfeld (seitlich und nach hinten). Das Sichtfeld variiert je nach der Kopfform einzelner Rassen. Bewegungen registriert ein Hund bis zu einen Kilometer weit. Durch ihr gutes Bewegungssehen können Hunde feine Signale in der Körpersprache untereinander, aber auch beim Mensch erkennen. Deshalb ist unsere Körpersprache in der Verständigung mit dem Hund sehr wichtig.

Durch seinen Geruchssinn findet der Labrador geschossenes Wild – ob in schwierigem Gelände, im Wasser oder im Dunkeln.

Bei Lawinenunglücken wird der speziell ausgebildete Lawinenhund wegen seines Geruchssinns zum unentbehrlichen Helfer.

Die Fähigkeit, in der Entfernung Bewegungen besonders gut wahrnehmen zu können, ist neben dem Gehorsam beim Hüten von Schafen wichtig.

Wie Hunde riechen

Einen großen Teil der Infos aus ihrer Umwelt nehmen unsere Vierbeiner über Gerüche wahr. Das können sie mit etwa 225 Millionen Riechzellen viel besser als wir, denn wir haben nur 5 bis 7 Millionen. Ihre Riechschleimhaut ist mit ca. 150 qcm etwa 30-mal größer als unsere. Da können wir nur erahnen, was ein Hund so alles riechen kann. Aber einiges wissen wir schon. Ein Hund kann Menschen am Geruch erkennen, er riecht, ob jemand Angst hat, krank, fremd oder vertraut ist. Dem Geruch eines Artgenossen entnimmt er das Geschlecht, den sozialen Status, ob jung oder alt, und vieles mehr. Außerdem hilft ihm sein Geruchssinn beim Verfolgen von Fährten. Hunde können auch sehr gut verschiedene Gerüche unterscheiden, selbst wenn sie durch stärkere überlagert werden. Das Riechvermögen ist allerdings nicht bei jedem Hund gleichermaßen gut ausgeprägt. Zum einen hängt es von der Veranlagung und auch von der Anatomie ab, zum anderen vom Training. Den Geruchssinn des Hundes machen wir uns auf vielerlei Weise zunutze, wie z. B. bei der Suche nach Vermissten, auf der Jagd oder zum Aufspüren von Rauschgift.

Wie Hunde spüren

Um sich auch im Dunkeln zurechtzufinden, haben die meisten Hunde Tasthaare über den Augen, am Kinn, an den Wangen und den Lefzen. Außerdem fühlt ein Hund natürlich auch Schmerz, Kälte, Wärme und Berührungen. Körperkontakt ist ein wichtiges Kommunikationsmittel unter Hunden und deshalb auch im Zusammenleben von Mensch und Hund von großer Bedeutung.

Wie Hunde schmecken

Hunde haben auch einen Geschmackssinn, schmecken aber vermutlich anders als wir. So pulen viele Hunde ein für uns geruchloses Medikament selbst aus bester Streichwurst-Tarnung zielsicher heraus. Was uns gut schmeckt, finden allerdings auch die meisten Vierbeiner lecker.

Wahrnehmung durch die Sinne

Hören

HUNDE hören viel besser als wir. Sie können ihre Ohren einzeln ausrichten, um Geräusche genau zu orten. Manche erschrecken schon bei leisen Tönen, andere zucken selbst bei einem lauten Knall nicht einmal ansatzweise.

Riechen

GERÜCHE sind für Hunde wie für uns eine Zeitung. Mit ihrer Nase können sie eine Menge Infos aus der Luft filtern. Beobachten Sie Ihren Hund doch einmal, wenn er draußen liegt. Seine Nase bewegt sich hin und her, um möglichst viel zu »lesen«. Der Geruchssinn hilft bei der Partner- und Nahrungssuche, beim Erkennen von Gefahr, von vertrauten Personen oder Spuren und vielem mehr. Übrigens – eine trockene oder warme Hundenase ist nicht unbedingt Zeichen einer Erkrankung oder von Fieber.

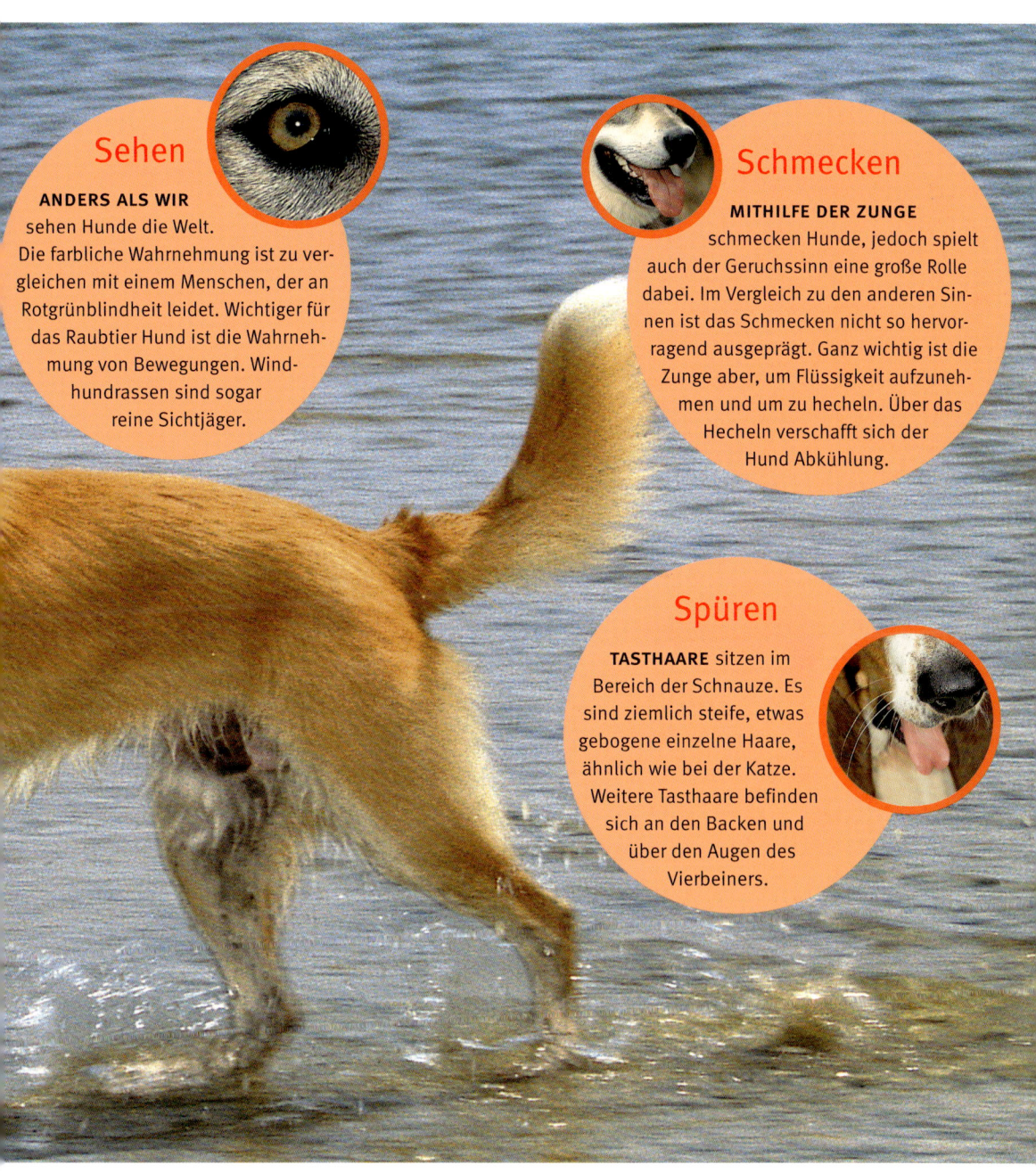

Sehen

ANDERS ALS WIR sehen Hunde die Welt. Die farbliche Wahrnehmung ist zu vergleichen mit einem Menschen, der an Rotgrünblindheit leidet. Wichtiger für das Raubtier Hund ist die Wahrnehmung von Bewegungen. Windhundrassen sind sogar reine Sichtjäger.

Schmecken

MITHILFE DER ZUNGE schmecken Hunde, jedoch spielt auch der Geruchssinn eine große Rolle dabei. Im Vergleich zu den anderen Sinnen ist das Schmecken nicht so hervorragend ausgeprägt. Ganz wichtig ist die Zunge aber, um Flüssigkeit aufzunehmen und um zu hecheln. Über das Hecheln verschafft sich der Hund Abkühlung.

Spüren

TASTHAARE sitzen im Bereich der Schnauze. Es sind ziemlich steife, etwas gebogene einzelne Haare, ähnlich wie bei der Katze. Weitere Tasthaare befinden sich an den Backen und über den Augen des Vierbeiners.

Wie sich der Hund verständigt

Damit sich der Hund seinen Artgenossen und uns mitteilen kann, nutzt er verschiedene Ausdrucksmöglichkeiten. Der Gebrauch dieser Signale ist weitgehend angeboren. Den richtigen Einsatz und die Deutung müssen Hunde allerdings im Welpenalter im Umgang mit anderen Welpen, wie auch mit erwachsenen Hunden zum Teil erst lernen. Um die »Sprache« der Hunde richtig deuten zu können, müssen Sie die Signale immer im Zusammenhang miteinander und mit der Situation betrachten. Nur so erkennen Sie den Inhalt einer Botschaft.

Die Körpersprache Um eine Botschaft zu senden, benutzt ein Hund nahezu seinen gesamten Körper. Er hat viele Möglichkeiten, damit zu »sprechen«. Eine Botschaft besteht stets aus mehreren Signalen, die zusammengehören. Wedelt der Hund z. B. mit dem Schwanz, ist das nicht automatisch freundlich gemeint, sondern die Bedeutung hängt davon ab, was er sonst noch für Signale dazu kombiniert.

Die Körperhaltung Ein Hund kann sich größer machen, in dem er die Beine ganz durchstreckt, beispielsweise um einem anderen zu imponieren. Er ist aber auch in der Lage, sich unterschiedlich klein zu machen, etwa wenn er sich unterwirft oder vor etwas Angst hat.

Die Ohren Sie können aufmerksam nach vorne gerichtet sein. Der Hund kann sie aber auch schräg zur Seite legen, mehr oder weniger eng nach hinten drehen und an den Kopf anlegen. Angelegte Ohren beispielsweise können, je nachdem, welche Signale sonst noch gezeigt werden, sowohl Freude, als auch Angst bedeuten.

Die Lefzen Der Hund kann sie weit zu einem langen, schmalen Lippenspalt zurückziehen, aber ebenso zu einem ganz kurzen zusammenziehen. Die Zähne sind, je nach Botschaft, bis hinten oder nur vorne sichtbar. Beides kann ein Drohen bedeuten, entweder aus Angst und Unsicherheit, oder aber einen offensiven Angriff ankündigen. Hier ist in jedem Fall genaues Beobachten gefragt!

Die Augen Auch mit den Augen übermittelt der Vierbeiner Signale. Er sucht den Blickkontakt, z. B. weil Sie ihn freundlich ansprechen. Er kann aber auch drohend fixieren oder bei Unsicherheit dem Blick seines Gegenübers ausweichen. Ein Hund ist in der Lage, die Augen weit aufzureißen – etwa im Spiel – oder sie bei unterwürfigem Verhalten zu einem kleinen Spalt zusammenzuziehen, je nachdem, was er übermitteln möchte.

Der Schwanz Wedelt der Hund mit dem Schwanz, ist das zunächst einmal ein Zeichen dafür, dass er aufgeregt ist. Mit Wedeln lässt sich vieles signalisieren. Der Hund kann etwa zur Begrüßung auf halber Höhe ausladend wedeln oder nur mit geringen Ausschlägen schnell bzw. ganz langsam. Hält er der Schwanz weiter oben, etwa beim Imponieren, waagerecht oder ganz unten, hat das ebenfalls verschiedene Bedeutungen (→ Verständigungsprobleme, Seite 14).

Die Rückenhaare Gesträubte Rückenhaare können verschiedene Stimmungen wie beispielsweise Unsicherheit, Misstrauen oder Drohung ausdrücken. Das kommt ganz auf die jeweilige Situation an. Je nach Fellart und Haarlänge lassen sich die Rückenhaare mehr oder weniger stark sträuben (→ Seite 14). Außerdem kann der Hund die Rückenhaare entweder nur vorne oder über den gesamten Rücken sträuben.

BERÜHRUNGEN Die Verständigung durch Berührungen heißt »taktile Kommunikation«. Der Körperkontakt ist ein wichtiges Element in der Verständigung unter Hunden. Aufreiten, Anrempeln, Wegdrängen gehören zu den negativen Formen. Fellknabbern, Kontaktliegen, die Schnauze des anderen lecken sind positive Formen. Dieser aufreitende Hund demonstriert dem Artgenossen seine Überlegenheit. Noch kann sich der Konflikt ohne handgreifliche Auseinandersetzung lösen.

KÖRPERSPRACHE Die optische Kommunikation, Verständigung durch Körpersprache, ist das wichtigste Element der Hundesprache. Beim Hund ist sie nicht mehr ganz so vielfältig wie beim Stammvater Wolf. Dieser Wolf zeigt das Abwehrdrohen. Er macht sich klein, der Schwanz ist eingezogen, die Ohren sind nach hinten gedreht. Er fixiert den Gegner mit gefletschten Zähnen bei lang gezogenen Mundwinkeln.

LAUTSPRACHE Die akustische Kommunikation durch Bellen, Winseln, Jaulen und Heulen hilft diesem Hundekind, seine Mutter auf sich aufmerksam zu machen.

Die Lautsprache

Hunde verständigen sich auch durch Laute. Wie ausgeprägt sie das zeigen, hängt jedoch von ihrer Veranlagung ab. Es gibt sowohl ziemlich schweigsame als auch sehr »gesprächige« Vierbeiner. Beispielsweise spielen manche Hunde völlig lautlos miteinander, andere wiederum so laut, dass man meinen könnte, es handle sich um eine Rauferei. Bellen und Winseln lassen sich erzieherisch beeinflussen. Beispiel: Bekommt Ihr Hund Zuwendung, wenn er etwa aus Langeweile winselt oder Sie bellend zum Spiel auffordert, dann verstärkt sich seine »Gesprächigkeit«. Ignorieren hilft in solchen Situationen meist sehr gut. Lohnt sich für den Hund das Bellen oder Winseln nämlich nicht, wird er es lassen oder zumindest verringern.

Bellen Auch das Bellen muss man im Zusammenhang mit den anderen Signalen und mit der Situation sehen. Außerdem klingt es unterschiedlich. Ein Spielaufforderungsbellen klingt anders, als wenn der Hund etwa einen Eindringling meldet. Manche Hunde bellen auch zur Begrüßung. Sieht oder hört ein Hund etwas, das ihm nicht geheuer ist, »wufft« so mancher zusätzlich zur Körpersprache.

Knurren Wenn ein Hund knurrt, ist das immer eine Warnung. Aber ob nun aus Angst oder aus offensiver Aggression, lässt sich nur zusammen mit der Deutung der Körpersprache erkennen. Erst daraus ergibt sich dann, wie man richtig damit umgeht, sowohl wenn der Hund dieses Verhalten Artgenossen als auch Menschen gegenüber zeigt.

Jaulen Wenn der Hund jault, ist das häufig ein Zeichen dafür, dass er sich nicht wohlfühlt. Er kann Schmerzen haben oder sich allein gelassen fühlen. Hunde, die das Alleinsein nicht oder falsch gelernt haben, jaulen oft, wenn sie allein zu Hause sind. Bei plötzlichem Aufjaulen hat der Hund Schmerzen.

Winseln Winselt der Hund, kann das ebenso verschiedenste Ursachen haben. Er kann aus Ungeduld winseln, wenn Sie z. B. seinen Ball schon in der Hand haben, ihn aber noch nicht werfen. Oder dem Vierbeiner ist es langweilig. Oder er ist bei der Begrüßung vor Freude ganz aus dem Häuschen. Winseln kann aber auch Unbehagen oder Schmerz bedeuten. Sie sehen, auch hier spielt die Gesamtsituation für die richtige Deutung eine große Rolle.

Andere Laute und Geräusche Viele Vierbeiner grunzen oder schnauben, wenn sie jemanden freudig begrüßen. Sie können wohlig seufzen, wenn sie es sich nach einem langen Spaziergang zufrieden auf ihrem Bett bequem machen. Rüden klappern mit den Zähnen, wenn sie an der Urinmarke einer läufigen Hündin riechen. Siberian Husky und Alaskan Malamute können noch nach Wolfsart heulen. Kirchenglocken, Sirenen und Ähnliches findet aber auch manch anderer Hund zum Heulen.

Welche Bedeutung die olfaktorische Kommunikation, die Verständigung durch Gerüche, hat, können wir Menschen größtenteils nur erahnen.

Was Gerüche übermitteln

Sie spielen in der Kommunikation mit Artgenossen eine große Rolle. Die Besonderheit ist hier, dass der Hund anderen Vierbeinern sogar etwas mitteilen kann, ohne dass diese sozusagen vor Ort sind. Jeder kennt die Situation, wenn der Rüde das Bein hebt und ein paar Spritzer Urin verteilt. Aus dem Urin können Artgenossen »lesen«, wer hier war und welchen sozialen Status derjenige hat, ob Rüde oder Hündin, ob Freund, Feind oder Fremder. Auch das Revier wird so abgesteckt. Bei meinem leider etwas »machohaften« Rüden konnte ich gelegentlich beobachten, dass er beim »Lesen« einer Duftmarke die Haare sträubte. Dann war da wohl einer, den er gar nicht gut leiden konnte.

Selbstbewusste Hunde markieren relativ häufig und versuchen ihre Duftmarken möglichst hoch zu setzen, damit diese nicht so einfach »überschrieben« werden können. Markierungen dienen auch dazu, das Revier abzustecken. Manche Rüden neigen sogar dazu, nicht nur draußen, sondern auch in fremden Wohnungen, in denen ein Hund lebt, Urinmarkierungen zu verteilen.

Hündinnen geben den Urin meist auf einmal ab, »informieren« damit aber auch. In kleinen Mengen und häufiger setzen sie ihn aber dann ab, wenn sie läufig sind. So teilen sie der Hundemännerwelt ausführlich ihren hormonellen Zustand mit. Und die Rüden riechen diese »Hunde-SMS« über weite Entfernungen …

Setzt der Vierbeiner Kot ab, entleeren sich dabei die Analdrüsen, deren Sekret ebenfalls Infos enthält. Auch andere Duftdrüsen am Körper, wie etwa im Gesicht und an der Schwanzwurzel, übermitteln beim Beschnüffeln wichtige Informationen. Begegnen sich fremde Hunde, kann man gut beobachten, dass in der Regel jeder bestrebt ist, nach meist

erstem Beschnüffeln im Gesicht möglichst an das Hinterteil des anderen zu kommen, um sich dort nähere Infos über den Artgenossen zu holen. Welpen markieren noch nicht, und sie riechen auch ganz anders als geschlechtsreife Artgenossen.

Verständigungsprobleme

Im Gegensatz zum Wolf variiert das Aussehen unserer Hunde enorm. Sie sehen zum Teil derart unterschiedlich aus, dass man kaum glauben kann, dass es sich um die gleiche Spezies handelt. Wölfe sind zwar unterschiedlich groß, haben aber alle dieselbe »Ausstattung« – Stehohren, lange Schnauze, stockhaariges Fell und einen normal getragenen Schwanz. Ihre Farbe ist meist braun, wobei der Bereich um die Lefzen häufig aufgehellt ist. So sind die Signale im Bereich der Schnauze besonders gut zu erkennen. Also ideale Kommunikationsvoraussetzungen, sowohl um Botschaften zu senden, als auch um sie lesen zu können. Bei unseren Vierbeinern sieht das zum Teil schon anders aus. Zum einen verfügen sie, wie schon erwähnt, über keine so stark differenzierten Signale mehr, vor allem nicht im Bereich der Mimik. Zum anderen sind viele

Hunde sozusagen technisch eingeschränkt. Der Mensch hat ihnen nach seinen Vorlieben rassetypische Merkmale angezüchtet, die eine Verständigung mit Artgenossen oft nicht gerade erleichtern.

Die Ohren Hängeohren lassen sich weniger deutlich in der Stellung variieren als Stehohren. Vor allem sehr schwere, lange Ohren sind dafür nur begrenzt zu gebrauchen.

Das Fell Damit das Fell gesträubt werden kann, darf es nicht zu lang und schwer sein. Viele Hunde haben aber sehr langes Fell und können diese Art Signal deshalb nicht verwenden. Bei sehr langhaarigen Hunden hängen die Haare dazu noch oft über die Augen, sodass der Vierbeiner Probleme hat, überhaupt zu sehen, was ihm der Artgenosse mitteilen möchte. Auf der anderen Seite gibt es eine Rasse, der Rhodesian Ridgeback, der einen »Ridge« auf dem Rücken hat. Das Fell wächst hier gegen den Strich, sodass es aussieht, als hätte der Hund ständig die Rückenhaare gesträubt.

Das Gesicht Auch hier gibt es einige Dinge, welche die Verständigung erschweren. Ein stark verkürzter Schädel, wie etwa beim Boxer oder beim Mops, schränkt die Kommunikation ein, da sich die Lefzen nicht mehr so deutlich variieren lassen. Gleiches gilt auch für sehr schwere, hängende Lefzen. Ist dann das Gesicht oder der Bereich um die Schnauze auch noch sehr dunkel, lassen sich Signale nicht so einfach aussenden. Das Gegenüber kann sie infolgedessen nur schwer lesen.

Der Schwanz Zum Glück darf der Schwanz, bis auf bestimmte Ausnahmen, bei uns nicht mehr kupiert werden. Denn damit nimmt man dem Hund ein ganz wesentliches Mittel zur Verständigung. Dennoch gibt es auch hier Quellen für Missverständnisse. Manche Rassen, wie z. B. viele Terrier- oder Spitzrassen, tragen in eigentlich neutraler Stim-

---

Fell **schneiden**

LANGES FELL Haare, die über die Augen hängen, behindern den Hund bei der Verständigung.

FREIE SICHT Kürzen Sie Ihrem Hund die Haare über den Augen oder stecken Sie sie ihm mit einer Haarspange hoch. So kann er sich Artgenossen gegenüber klarer verhalten und wird dann auch von den anderen Vierbeinern besser verstanden.

mung den Schwanz zuchtbedingt immer sehr hoch. Das ist aber eines der Signale beim Imponierverhalten. Andere wiederum, wie etwa einige der Windhundrassen, tragen ihn dagegen oftmals zwischen den Hinterbeinen und wirken dadurch ängstlich oder unterwürfig, obwohl sie es unter Umständen gar nicht sind.

Andere Kommunikationsprobleme

Nicht alle Hunde zeigen »normales« Verhalten. Das kann durch Veranlagung bedingt sein, aber auch durch falsche Haltung hervorgerufen werden. Erkennt ein Vierbeiner etwa Gesten der Unterwerfung eines Artgenossen nicht an und rauft weiter, oder verhält sich ein Hund einem Welpen oder älteren Artgenossen gegenüber grundlos und übersteigert aggressiv, kann das zu nachhaltigen Verunsicherungen des betroffenen Hundes führen, der ein solches Verhalten nicht einzuordnen weiß.

Kommunikation lernen

Hunde, die in dem einen oder anderen Bereich der Verständigungsmöglichkeiten etwas gehandicapt sind, kommen damit meist gut zurecht und werden von ihren Artgenossen auch verstanden. Denn sie können ja mit dem übrigen Körper ihre Botschaft unterstreichen und so Defizite ausgleichen. Aber wenn ein Hund gleich mehrfach eingeschränkt ist, z.B. schwarz ist, lange Haare, eine eingeschränkte Sicht und Hängeohren hat, muss das Gegenüber schon genau hinsehen, um dessen Botschaften auch richtig zu deuten. Das braucht Übung. Die bekommt der Vierbeiner nur, wenn er möglichst schon

in der Welpenzeit regelmäßigen Umgang mit Artgenossen hat und auf diese Weise viele Erscheinungsformen der Spezies Hund erleben kann.

Beißhemmung Nicht jeder erwachsene Hund kann mit fremden Welpen etwas anfangen. In den meisten Fällen verlaufen Begegnungen ohne größere Zwischenfälle. Doch je nach Veranlagung oder eigenen Erfahrungen können erwachsene Hunde unterschiedlich auf Welpen reagieren. Eine generelle Beißhemmung gegenüber Welpen und Junghunden bis sechs Monaten gibt es nicht. Unterschiedliche Toleranzgrenzen sind jedoch normal. Das heißt, wenn der Welpe zu aufdringlich ist und mit Ignorieren, Knurren oder Schnauzgriff erzogen wird, ist das normal, und das muss der Kleine auch lernen.

Aufgehellter Gesichtsbereich, Stehohren, freie Sicht – der Wolf kann Signale optimal senden und »lesen«.

Hunderassen im Porträt

Durch Vorlieben des Menschen entstanden Hunderassen, die nicht mehr so einfach mit Artgenossen »sprechen« können (→ Seite 14). Hier einige Beispiele für Rassen, die in ihrer Kommunikation eingeschränkt sind.

RHODESIAN RIDGEBACK
Er hat einen »Ridge« auf dem Rücken – das Fell wächst gegen den Strich und sieht immer gesträubt aus.

BERNHARDINER Manchen Rassen wie etwa dem Bernhardiner wurden sehr schwere, hängende Lefzen angezüchtet. Damit lassen sich, anders als mit einer natürlichen Belefzung, keine so feinen Signale wie ein längerer oder kürzerer Lippenspalt senden.

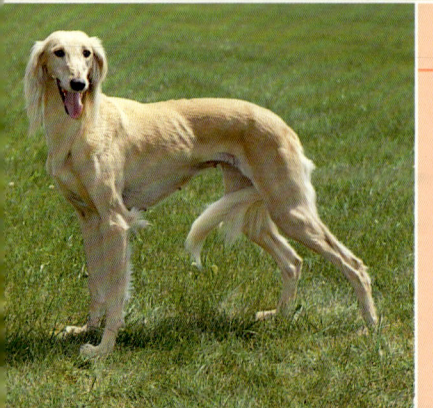

SALUKI Viele Windhunderassen wie der Saluki tragen ihren Schwanz in neutraler Stimmung eingeklemmt – eigentlich ein Zeichen von Unsicherheit oder Unterwürfigkeit. Die übrigen Signale gleichen das Defizit aus.

BASSET Lange Hängeohren, hängende Lider und schwere Lefzen erschweren die Verständigung mit Artgenossen ungemein.

RUSSISCHER TERRIER Die einheitlich dunkle Farbe und das relativ üppige Fell machen es Hunden schwer, bei dieser und ähnlichen Rassen Signale zu erkennen.

BOBTAIL Er hat ein dichtes, langes Fell, sieht wenig, kann kein Fell sträuben, und seine Haare hängen über den ganzen Körper. Ermöglichen Sie ihm freie Sicht.

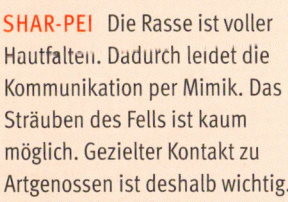

SHAR-PEI Die Rasse ist voller Hautfalten. Dadurch leidet die Kommunikation per Mimik. Das Sträuben des Fells ist kaum möglich. Gezielter Kontakt zu Artgenossen ist deshalb wichtig.

MOPS Auch er ist gehandicapt. Das zerknautschte Gesicht sowie der verkürzte Schädel lassen nicht viel Raum für die Verständigung über die Mimik.

So spricht der Hund

Verstehen Sie immer genau, was Ihr Hund Ihnen oder einem Artgenossen gerade mitteilen möchte? Hunde »sprechen« mit dem ganzen Körper und kombinieren meist eine ganze Menge Signale zu einer Botschaft. Artgenossen sind gleich auf dem Laufenden, wir Menschen müssen die Hundesprache erst lernen.

Botschaften richtig deuten

Am besten lernen Sie die Hundesprache durch häufiges, genaues Beobachten. Für das Zusammenleben mit dem Hund ist es sehr wichtig, dass man hündische Botschaften lesen kann. Nur so ist man in der Lage, wenn notwendig, richtig darauf zu reagieren und auch für den Vierbeiner verständlich mit ihm zu kommunizieren. Zu viel hineinzuinterpretieren sollten Sie jedoch vermeiden.

Das Beobachten ist allerdings nicht immer einfach, weil Signale häufig nur ganz kurz zu sehen sind, schnell wechseln und man vermutlich vieles an ganz feinen Signalen überhaupt noch nicht kennt. Im folgenden Kapitel lernen Sie verschiedene Botschaften kennen, die der Hund mit seiner Körpersprache übermittelt. Auch wenn manches menschlich anmutet – denken Sie stets »hündisch« und vermenschlichen Sie Ihren Vierbeiner nicht. Das kann leicht zu Fehlinterpretationen des Verhaltens

führen. Wie geht man nun mit einer Hundebotschaft um? Das hängt, wie Sie lesen werden, zum einen davon ab, ob die Botschaft an Sie oder an einen Artgenossen gerichtet ist. Andererseits kommt es auch auf die Situation an.

Mischformen Je nach Situation sind zu den einzelnen Gesamtkörperausdrücken Abstufungen möglich. So kann ein Vierbeiner beispielsweise einem Artgenossen gegenüber Imponierverhalten zeigen, sich aber dabei nicht ganz so sicher sein. Dann spielen dabei durchaus ein paar Unsicherheits- oder Konfliktsignale eine Rolle. Die Botschaften können auch stärker oder schwächer ausgeprägt sein, der Vierbeiner zeigt dadurch z. B. starke oder weniger starke Unterwürfigkeit.

Nochmals zur Erinnerung: Denken Sie immer daran, den Gesamtausdruck samt dazugehöriger Situation und nicht einzelne Signale isoliert zu sehen.

Was willst du mir sagen?

Die einzelnen Körperbotschaften zeigen Ihnen, wie sich Ihr Vierbeiner mit Artgenossen verständigt und was er Ihnen mit seinem Verhalten mitteilen möchte.

Bin gerade entspannt!

Ein Hund, dessen Aufmerksamkeit momentan durch nichts geweckt wird, verhält sich neutral. Das Gesicht ist entspannt, der Fang ist oft leicht geöffnet, kann aber auch geschlossen sein. Die Ohren sind in normaler Haltung leicht nach vorn gerichtet, der Schwanz hängt entspannt nach unten oder wird in rassetypischer Grundhaltung getragen.

Der Hund liegt, steht oder läuft dabei. Diese neutrale Haltung kann aber auch bewusst eingesetzt werden, um jemanden oder etwas zu ignorieren.

Das heißt von Hund zu Hund Verhält sich Ihr Hund einem Artgenossen gegenüber neutral bis ignorant, dann signalisiert er diesem, dass er kein Interesse an einem Spiel oder Ähnlichem hat. Meine Hündin verhält sich zum Beispiel so, wenn ich sie mit in die Welpengruppe nehme und sie gerade nichts mit diesen Jungspunden zu tun haben möchte. Wenn sie z. B. gerade entspannt auf der Wiese liegt und Welpen an ihr hochspringen, um mit ihr zu spielen, bleibt sie einfach liegen und tut so, als wären diese gar nicht vorhanden. Die Welpen lassen sie dann auch in Ruhe. Bei Hundebegegnungen kann man auch manchmal sehen, dass sich einer neutral verhält, wenn ein sehr selbstbewusst wirkender Artgenosse des Weges kommt. Damit signalisiert er, dass er zwar nicht unbedingt unterwürfig ist, aber keinerlei Lust auf irgendeinen Kontakt hat.

Das heißt von Mensch zu Hund Zeigt Ihr Hund dieses Verhalten, während niemand sich mit ihm beschäftigt, ist das in Ordnung und im Alltag auch wichtig. Reagiert Ihr Hund so, wenn ein Fremder zu ihm Kontakt aufnehmen möchte, dann sollte dieser ihn in Ruhe lassen. Denn Ihr Vierbeiner hat offenbar jetzt keinen Bedarf an Kontakten. Verhält Ihr Hund sich allerdings häufig so, wenn Sie ihn an-

Leicht geöffneter Fang, entspannte Körperhaltung – nichts erregt momentan das Interesse dieses Hundes. Er verhält sich neutral.

Die Hunde beschnüffeln sich ausgiebig. Beide wirken relativ selbstsicher. Bleibt das so, könnte daraus Imponierverhalten werden.

Diese Vierbeiner zeigen Imponierverhalten. Der Linke hat zwar den Schwanz noch oben, weicht dem überlegenen Artgenossen aber schon aus.

sprechen oder mit ihm etwas üben, dann ignoriert er Sie. Das signalisiert eine gewisse Schieflage in Ihrer Beziehung. Vielleicht reden Sie zu viel und zu ungezielt mit ihm. Oder sind Sie zu passiv und bieten ihm nichts Interessantes? Hier gilt: Lieber gezielte Beschäftigung und gezieltes Ansprechen, als permanentes »Betüteln«. Prüfen Sie auch, ob Sie vielleicht ständig bestrebt sind, ihm alles recht zu machen. Dann sieht er nämlich sich als den tonangebenden Part in Ihrem Team.

Da ist doch was!

Hat der Vierbeiner etwas bemerkt, dann spannt sich seine Körperhaltung. Die Ohren sind nach vorn gerichtet, der Kopf wird etwas höher getragen, der Fang ist meist geschlossen. Mit dem angehobenen Schwanz wedelt er leicht und langsam.

Das heißt von Hund zu Hund Reagiert Ihr Hund so, wenn er frei läuft und einen anderen frei laufenden Hund gesehen hat, dann sollten Sie kurz abchecken, ob der andere Hundebesitzer Anstalten

macht, seinen Hund zurückzurufen. Wenn nicht, dann können Sie Ihren Hund laufen lassen – vorausgesetzt er zeigt normales Sozialverhalten.

Das heißt von Hund zu Mensch Je nachdem, worauf er seine Aufmerksamkeit richtet, entscheiden Sie, ob er sich auf Sie konzentrieren soll oder nicht. Könnte Ihr Hund Wild gewittert haben oder konzentriert er sich auf etwas, das Sie nicht möchten (Jogger, angeleinter Artgenosse usw.), dann lenken Sie ihn am besten gleich mit Leckerchen ab und behalten ihn an Ihrer Seite. Das gilt auch dann, wenn er angeleint ist. Sehr positiv ist es, wenn er seine Aufmerksamkeit auf Sie richtet.

Ich bin der Größte!

Möchte ein Hund einem Artgenossen mitteilen, dass er sich für den Überlegenen hält, dann zeigt er ihm das durch Imponieren. Sehr oft kann man dieses Verhalten beobachten, wenn zwei fremde Rüden aufeinandertreffen. Dabei machen sie sich so groß wie möglich. Das erreicht der Hund, indem er

die Beine durchdrückt und den Hals streckt. Außerdem werden die Nackenhaare gesträubt und der Schwanz, bisweilen langsam wedelnd, nach oben gerichtet getragen. Auch das lässt ihn größer wirken. Die Ohren sind leicht schräg nach vorn gerichtet. Der Blick ist vom Artgenossen abgewandt – man möchte noch nicht ernsthaft drohen. Die Bewegungen sind steif und langsam. Je nach Hund und Situation kann der Gegner dabei angerempelt und angeknurrt werden. Oft wird zwischendurch auch markiert. Je länger das Imponieren dauert, desto gleichrangiger fühlen sich die Gegner. Wer allerdings kleinere oder größere Zweifel an seiner Überlegenheit hat, macht sich nicht ganz so groß oder mischt das Imponierverhalten mit dem einen oder anderen Unsicherheitssignal. Der Schwanz wird dann z. B. nicht so hoch getragen, oder der Hund leckt sich die Schnauze. Ziel des Imponierens ist die Vermeidung einer ernsthaften Rauferei, indem sich der Unterlegene letztlich unterordnet. Dann geht jeder seiner Wege. Gibt jedoch keiner klein bei oder beherrscht einer die »Hundesprache« nicht richtig, kann sich das Imponieren zum offensiven Drohen (→ Seite 27) steigern und letztlich auch in einen Kampf münden.

Das heißt von Hund zu Hund Imponierverhalten ist ganz normales Hundeverhalten. Deshalb müssen und sollten Sie nicht eingreifen, wenn Ihr Hund das einem Artgenossen gegenüber zeigt. Sorgen Sie dafür, dass die Hunde genug Platz haben, und

Angelegte Ohren, erhobene Pfote, »Schlitzaugen« – Gesten der aktiven Unterwerfung zur Begrüßung.

Diese Wölfe zeigen die Signale der aktiven Unterwerfung bei den vertrauten Artgenossen ihres Rudels.

halten Sie unbedingt deutlichen Abstand. Gehen Sie nicht zu Ihrem Hund hin, um ihn am Halsband zu greifen oder Ähnliches. Fühlen sich die Vierbeiner nämlich eingeengt oder mischt man sich ein, kann die Situation leicht kippen. Wenn die beteiligten Hundebesitzer einfach weitergehen, löst sich die Situation meist problemlos auf, und jeder Hund folgt seinem Zweibeiner. Haben Sie allerdings einen Vierbeiner, der zu chronischer Selbstüberschätzung neigt, wie es nicht selten bei Kleinhunderassen der Fall ist, oder einen, der gern rasch handgreiflich wird, dann sollten Sie die Hundekontakte gut auswählen und sich baldmöglichst an einen guten Trainer wenden.

Das heißt von Hund zu Mensch Möchte Ihr Hund Sie mit Imponierverhalten beeindrucken, haben Sie ein Problem. Meist gab es vorher schon das eine oder andere Zeichen dafür, dass Ihr Hund Sie nicht ernst nimmt. Wenn Sie verunsichert sind, dann tun Sie zunächst so, als hätten Sie es nicht bemerkt. Sind Sie nicht beeindruckt, dann lassen Sie ihn ein paar Kommandos ausführen. Das stärkt Ihre Position. Überdenken Sie den Umgang mit Ihrem Hund und suchen Sie sich professionelle Hilfe. Zeigt Ihr Hund aber Fremden gegenüber Imponierverhalten, sollten Sie ihn sofort zu sich holen und ihn bei sich behalten. Neigt Ihr Hund generell dazu, sich anderen Menschen gegenüber so zu verhalten, sollten Sie sich ebenfalls um Hilfe bemühen.

Schön, dass du da bist!

Wenn man jemanden mag, freut man sich, wenn man ihn sieht, und begrüßt ihn dann entsprechend freundlich und freudig. Das ist auch bei Hunden so. Dabei wird versucht oder angedeutet, dem anderen die Mundwinkel zu lecken. Oder man leckt sich nur die eigene Schnauze. Dieses Mundwinkellecken

Der Welpe war wohl zu frech. Der Schnauzgriff der Mutter ruft ihn zur Ordnung, worauf er sich unterordnet und beginnt, sich hinzulegen.

kommt vom Futterbetteln der Welpen. Kehren Wölfe von der Jagd zurück, werden sie von den Welpen begrüßt. Durch das Mundwinkellecken wird bei den erwachsenen Tieren das Hervorwürgen von Futter ausgelöst. Bei unseren Vierbeinern zeigen dieses Futtervorwürgen nur noch manche Hündinnen ihren Welpen gegenüber.

Die Ohren sind, je nachdem wie selbstbewusst oder unterwürfig der Hund ist, seitlich abgespreizt bis angelegt. Die Körperhaltung ist locker, bei relativ unterwürfigem Charakter leicht geduckt. Der Vierbeiner wedelt ausladend in etwa waagerechter Höhe mit dem Schwanz, je nach Ausprägung »wedelt« sogar das ganze Hinterteil mit. Auch in welcher Höhe gewedelt wird, richtet sich nach der Art der Begrüßung – mehr selbstsicher oder mehr unterwürfig. Der Blick ist auf das Gegenüber gerichtet, die Augen sind aber bei eher unterwürfiger

Begrüßung zu einem Blinzeln zusammengezogen. Sehr unterwürfige Hund wenden den Blick auch kurz ab. Je nach »Gesprächigkeit« des Hundes wird dieses »soziale Grüßen« oder »aktive Unterwerfung« genannte Verhalten von Winseln, Bellen oder einer Art Grunzen begleitet. Oft tragen Hunde dabei gern einen Gegenstand herum – manche Vierbeiner können sogar nicht richtig begrüßen, bevor sie nicht etwas zum Tragen gefunden haben. Eher unterwürfige Hunde, vor allem solche im Welpen- und Junghundealter, geben bei der Begrüßung etwas Urin ab. Welpen zeigen dieses Verhalten häufig sehr ausgeprägt, wenn sie auf einen erwachsenen Hund treffen, auch wenn sie ihn vielleicht schon kennen. Sie wollen den Großen dadurch friedlich und freundlich stimmen. Sie »schleimen« sich sozusagen bei ihm ein. Die aktive Unterwerfung dient der freundlichen Kontaktaufnahme und festigt den Zusammenhalt.

Der Welpe unterwirft sich dem älteren Hund. Er duckt sich, meidet den Blickkontakt. Es könnte sein, dass er sich noch auf den Rücken legt.

Das heißt von Hund zu Hund Beobachten und genießen Sie das! Je nach Stimmung und Charakter der Hunde kann sich ein ausgelassenes Spiel an diese Begrüßungszeremonie anschließen. Manchmal gibt es allerdings Hunde, die von klein auf jedem Artgenossen »um den Hals fallen«, als würden sie ihn schon ewig kennen. Sie registrieren oft auch nicht, wenn das Gegenüber gar keine Lust auf Kontakt hat und womöglich schon warnt. Gehört Ihr Vierbeiner zu dieser aufdringlichen Sorte, sollten Sie ihn besser zurückholen. Verhält sich Ihr Welpe einem erwachsenen Hund gegenüber so, behalten Sie die Situation im Auge, damit Sie reagieren können, falls der andere Hund nicht so gut mit Welpen umgehen kann.

Das heißt von Hund zu Mensch Wenn Ihr Hund Sie oder andere Menschen, die er kennt, freudig begrüßt, ist das in Ordnung, solange er nicht allzu aufdringlich ist. Begrüßen Sie dann auch ihn durch Streicheln und freundliche Worte. Viele Hunde lecken die Hand oder versuchen durch Anspringen an das Gesicht zu gelangen. Anspringen vor allem fremder Personen sollten Sie vermeiden. Lassen Sie den Hund zur Begrüßung angeleint und/oder sitzen. Wenn er Sie anspringt, drehen Sie sich kommentarlos um und ignorieren Sie ihn, bis er sich ruhig verhält. Wie heftig er Sie begrüßt, haben Sie selbst in der Hand. Je intensiver Sie darauf eingehen, umso aufdringlicher und fordernder kann das Verhalten werden. Das Urinieren Ihres Vierbeiners können Sie dadurch beeinflussen, dass die Begrüßung Ihrerseits oder durch Besucher völlig ruhig und nicht zu ausgiebig geschieht. Beschimpfen Sie Ihren Vierbeiner keinesfalls dafür!
Manche Hunde »pföteln« bei der Begrüßung, sie heben also die Vorderpfote an. Dieses Verhalten ist auf den Milchtritt in der Welpenzeit zurückzuführen.

Dieser Vierbeiner liegt zwar mit eingeklemmtem Schwanz auf dem Rücken, sein Blick ist jedoch nicht abgewandt, das Gesicht ist entspannt, und die Zunge ist ein wenig zu sehen. Es handelt sich um eine abgeschwächte Form der passiven Unterwerfung eines recht unterordnungsbereiten Hundes.

Die Welpen regen durch den Milchtritt während des Saugens den Milchfluss der Mutter mit ihren Pfötchen an. Später dient das Heben der Pfote hauptsächlich der Beschwichtigung, beispielsweise dann, wenn man mit dem Hund etwas macht, das er nicht so gern mag, oder wenn man mit ihm schimpft. Das daraus entstandene »Pfote geben« auf Kommando in Verbindung mit einer Belohnung lernen Hunde sehr schnell, denn dieses Verhalten entspringt ja schließlich ihrer natürlichen Veranlagung.

Genaues Hinschauen erforderlich

UNTERSCHIEDE Manche Signale zwischen Hund und Mensch haben verschiedene Bedeutungen. Eine erhobene Pfote kann beschwichtigen, fordern oder Anspannung bedeuten. Kopfauflegen kann Dominanz, Zuneigung und ebenfalls Aufforderung übermitteln. Achten Sie auf die gesamte Situation.

Bitte tu mir nichts!

Diese sogenannte passive Unterwerfung zeigt ein Vierbeiner als Reaktion auf Drohverhalten. Er rollt sich dabei auf den Rücken, der Schwanz wird je nach Intensität der Unterwerfung mehr oder weniger stark zwischen die Hinterbeine geklemmt. Der Blick ist vom Gegner abgewandt, und die Augen sind nur noch schmale Schlitze. Die Ohren werden nach hinten und gleichzeitig nach unten gezogen. Die Gesichtshaut wirkt ganz glatt. Die Schnauze ist geschlossen, die Mundwinkel sind lang gezogen. Diese Geste bedeutet sozusagen die Kapitulation und soll nicht das kleinste Signal einer Provokation enthalten. Die Wurzeln liegen in der frühen Welpenzeit. Pflegt die Hündin die Welpen und leckt ihnen den Bauch, bleiben sie reflexartig völlig ruhig liegen. Das ist lebenswichtig, denn die Verdauung funktioniert anfangs nur durch das Lecken der Bauchregion. Das verliert sich nach der dritten Woche. Aber die Welpen reagieren mit freiwilligem Auf-den-Rücken-Rollen auf Verwarnungen der Mutter, wenn sie sich z. B. Mamas Futternapf nähern. Bei erwachsenen Hunden tritt diese passive Unterwerfung auf, wenn etwa ein Hund einem anderen offensiv droht und dieser sich daraufhin »ergibt« und die Überlegenheit des anderen anerkennt.

Das heißt von Hund zu Hund Wenn es zu einer solchen Situation kommt und der überlegene Vierbeiner ein intaktes Sozialverhalten hat, brauchen Sie nicht einzugreifen. Dann löst sich das Geschehen von selbst auf. Anders sieht es aus, wenn der Überlegene die Unterwerfung des anderen Hundes nicht anerkennt. Versuchen Sie in diesem Fall, die Hunde zu trennen, wenn möglich, indem der Halter des überlegenen Hundes diesen zu sich ruft. An dieser Stelle möchte ich auch nochmals darauf hinweisen, dass es keine generelle Beißhemmung gegenüber Welpen gibt (→ Seite 15). Auch nicht, wenn sich der Welpe auf den Rücken legt. Eine Beißhemmung gilt in der Natur immer nur gegenüber den Welpen des eigenen Rudels. Hunde, die grundsätzlich sehr unterwürfig sind, legen sich oft schon dann auf den Rücken, wenn ihnen ein Artgenosse begegnet, der zwar selbstbewusst auftritt, aber nur mal beschnüffeln möchte und keinerlei Drohverhalten zeigt. Ist Ihr Vierbeiner von der unterwürfigeren Sorte, ist das kein Grund

Nimmt der Hund die Bewachung zu ernst, bedroht er den vermeintlichen Eindringling offensiv über den Zaun hinweg.

Der Rüde war zu aufdringlich. Die Hündin dreht sich herum und droht dem lästigen Schürzenjäger unmissverständlich offensiv.

Erziehung auf Hündisch – hier droht die Hündin einem ihrer Welpen. Er nähert sich ihrem Spielzeug, was sie allerdings für sich beansprucht.

zur Sorge. Für so manchen Hundehalter ist ein solcher Hund dann leider ein »Weichei« oder eine »Memme«. Diese Ansicht ist aber fehl am Platz. Lieber so, als ein Vierbeiner, der in jedem Artgenossen einen Gegner sieht, der bekämpft werden muss ...

Das heißt von Hund zu Mensch Wenn Sie mit Ihrem Hund so umgehen, dass er sich mit eingeklemmtem Schwanz auf den Rücken legt, dann sollten Sie den Umgang überdenken. Sie sind vermutlich zu autoritär, oder der Hund kann Sie überhaupt nicht einschätzen oder verstehen, was Sie von ihm möchten. Es gibt aber auch Hunde, die sich vor dem Besitzer auf den Rücken legen ohne bedroht oder nachhaltig verunsichert worden zu sein. Solche Hunde sind meist recht führig und ordnen sich sehr leicht unter. Sie meiden aber nicht unbedingt den Blickkontakt, und der Schwanz ist nicht oder nur leicht zwischen die Hinterbeine geklemmt. Hier ist das Auf-den-Rücken-Legen eher eine Geste der aktiven Unterwerfung, aber mit sehr unterwürfigem Charakter. Wenn Sie Ihrem Vierbeiner dann den

Bauch kraulen und freundlich mit ihm sprechen, genießt er das sicherlich und wird sich schon deshalb häufiger vor Ihnen auf den Rücken legen.

Hinweis Es ist übrigens kein geeignetes Erziehungsmittel, den Hund auf den Rücken zu werfen, um ihn zu disziplinieren. In der Natur wirft kein Wolf den anderen auf den Rücken. Wenn, dann legt der Unterlegene sich selbst auf den Rücken.

Komm mir nicht zu nahe!

Fühlt sich ein Hund überlegen und akzeptiert der andere das nicht, kann es zum offensiven Drohen kommen. Das ist dann eine sehr ernste Warnung – ein Angriff steht kurz bevor, falls das Gegenüber jetzt nicht doch noch klein beigibt. Imponierverhalten kann in Angriffsdrohen übergehen. Beim Angriffsdrohen zeigt der Hund eindeutige Signale. Die Ohren werden schräg abgespreizt, das Nackenfell ist gesträubt. Dazu kommt eine unmissverständliche Mimik: Die Zähne werden bei kurzen Mundwinkeln im vorderen Bereich gefletscht, der

Nasenrücken ist gekräuselt. Der Gegner wird mit drohendem Blick fixiert. Das Maul kann dabei geschlossen oder geöffnet sein. Den Kopf hält der Hund leicht gesenkt, den Schwanz erhoben. Meist wird das Offensivdrohen von Knurren oder Belllauten begleitet oder auch von Anrempeln und Aufreiten (oft von der Seite) oder Kopf-auf-den-Rücken-Legen. Fühlt sich ein so drohender Hund auch nur ein klein wenig unsicher, dann ist der Körperausdruck schon wieder mit entsprechenden Signalen gemischt. Er leckt sich z.B. zusätzlich die Schnauze, oder die Mundwinkel werden etwas länger, oder der Blick ist nicht ständig auf den Gegner gerichtet. Der Übergang von Imponieren zu offensivem Drohen ist oft fließend.

Das heißt von Hund zu Hund Ruhe bewahren! Noch kann sich alles ohne Rauferei klären. Auch jetzt gilt: Beengen Sie die Hunde nicht und greifen Sie nicht ein. Außer es ist sicher, dass beide Hunde

Dieser Vierbeiner hat Angst. Er duckt sich, der Schwanz ist eingezogen, die Ohren sind angelegt, die Schnauze ist geschlossen.

gleichzeitig gehalten werden können oder dass Sie die Situation z.B. mit einem kräftigen Strahl aus dem Wasserschlauch oder Ähnlichem unterbrechen können. Das ist aber meist nicht der Fall. Am besten entfernen sich die Hundehalter zügig in entgegengesetzte Richtungen. Falls Sie wissen, dass Ihr Hund hier eine niedrige Reizschwelle hat und sich gern mit anderen anlegt, sollten Sie ihn vor der direkten Begegnung zu sich rufen. Auch ein Maulkorb kann hilfreich sein. Wenden Sie sich am besten an einen guten Hundetrainer.

Das heißt von Hund zu Mensch Wenn Sie von Ihrem Vierbeiner bedroht werden, ist bis dahin einiges schiefgelaufen, das Sie entweder nicht bemerkt oder nicht ernst genommen haben. Sind Sie beispielsweise immer zur Seite gerutscht, wenn Ihr Hund mit aufs Sofa wollte, und vertreibt er Sie jetzt, indem er Ihnen drohend den Kopf z.B. auf Beine oder Schulter legt? Oder wollte er einmal seinen Kauknochen nicht so gern hergeben und Sie haben nachgegeben, und jetzt lässt er sich nichts mehr wegnehmen? Erfüllen Sie immer seinen Wunsch, wenn er etwas tun oder haben möchte? Aus solchen und ähnlichen Situationen entstehen nicht selten Schieflagen bis hin zum offensiven Drohen. Dann haben Sie ein sehr ernstes Problem. Achten Sie im Alltag ab sofort darauf, dass Sie auf keinerlei Aufforderungen Ihres Hundes eingehen und dass er sich stets nach Ihnen richtet, nicht umgekehrt. Festigen Sie Ihren Status außerdem mit regelmäßigem Gehorsamstraining (das ist ganz wichtig!). Trauen Sie sich in einer solchen Situationen zu, sich durchzusetzen. Rufen Sie ihn zu sich und lassen ihn sofort einige Übungen ausführen. Ansonsten ignorieren Sie ihn zunächst, vermeiden entsprechende Situationen in nächster Zeit und erarbeiten sich erst mal Ihren »Chefsessel« wieder.

Bedroht Ihr Hund jemand anderen, ist zuverlässiger Gehorsam gefragt. Rufen Sie ihn augenblicklich zu sich, und behalten Sie ihn bei sich. Haben Sie das Gefühl, nicht mit dem Problem zurechtzukommen, holen Sie sich professionelle Hilfe! Aggressives Verhalten Menschen gegenüber darf nicht geduldet oder verharmlost werden.

Das macht mir Angst!

Hat ein Hund Angst, weil er sich z. B. massiv bedroht fühlt, macht er sich klein. Die Hinterbeine werden etwas eingeknickt, der Kopf mehr oder weniger gesenkt. Der Schwanz ist zwischen den Hinterbeinen eingeklemmt. Je ausgeprägter die Angst ist, umso stärker wird er eingezogen. Der Blick ist vom Gegenüber abgewandt. Die Ohren werden eng an den Kopf gelegt. Die Mundwinkel sind schmal nach hinten gezogen. Der Hund kann auch beschwichtigend eine Vorderpfote anheben oder die eigene Schnauze lecken. Verliert der Hund zusätzlich Urin, dann unterstreicht das die Angst noch. Nimmt die Bedrohung nicht ab und sieht der Hund kaum eine Fluchtmöglichkeit, kommt es zum Abwehrdrohen. Er ist immer noch fluchtbereit, nun aber gleichzeitig darauf aus, sich zu verteidigen. Die Körperhaltung bleibt. Der Blick ist auf den Gegner gerichtet. Die Rückenhaare können jetzt trotz Angst gesträubt sein. Der Lippenspalt bleibt lang, aber nun werden die Zähne bis zu den Backenzähnen gefletscht. Vorne so stark, dass sogar das Zahnfleisch zu sehen ist. Manche Hunde knurren und bellen dazu. Aus diesem defensiven Drohen kann der Hund unvermittelt zubeißen.

Das heißt von Hund zu Hund Pauschal lässt sich hier schwer sagen, wie Sie am besten reagieren. Wenn möglich, kann man die Hunde trennen, falls der Überlegene jetzt nicht abzieht. Aber unbedingt

Dieser Hund verteidigt sein Futter, droht aber »gemischt«. Vordere Zähne gefletscht, Mundwinkel verlängert, Ohren nach hinten gedreht.

gleichzeitig, damit nicht einer den anderen doch noch attackieren kann. Der unsichere Hund kann aus seiner Angst heraus als Erster zubeißen, was nun den endgültigen Auslöser für eine Rauferei bedeuten kann. Ein zuverlässiger Gehorsam wäre auch hier nützlich. Dann könnte der überlegene Hund gerufen werden. Nicht der unterlegene zuerst, denn das wiederum könnte den anderen zu einer Verfolgungsjagd animieren.

Ist Ihr Hund grundsätzlich ängstlich gegenüber Artgenossen, sollten Sie einen ruhigen, gutmütigen Vierbeiner suchen, der möglichst nicht größer als Ihr eigener ist, und ihm so die Möglichkeit zu stressfreiem Kontakt geben. Beschäftigen auch Sie sich entspannt mit dem anderen Hund, dann sieht Ihr Vierbeiner, dass hier keine Gefahr droht. »Trösten« Sie Ihren Angsthasen jedoch nicht, denn sonst wird er immer ängstlicher!

Das heißt von Hund zu Mensch Zeigt ein Vierbeiner Menschen gegenüber so viel Unsicherheit und Angst, dass er sich bedroht fühlt, wird er leicht zum Angstbeißer. Dies ist, wie Sie sich vorstellen können, sehr problematisch. Hat ein Hund derart Angst vor Menschen, hängt das in der Regel mit seiner Veranlagung oder auch mit schlechten Erfahrungen zusammen. Reagiert Ihr Hund so, müssen Sie dafür sorgen, dass keiner Ihrem Hund einen Kontakt aufzwingt. Keiner sollte die Hand nach ihm ausstrecken, ihn ansprechen oder ihn direkt ansehen. Damit vermeiden Sie, dass er sich so in die Enge getrieben fühlt, dass er einen Angriff als letzte Möglichkeit sieht. Je nach Ursache kann sich durch den überlegten Umgang einiges verbessern. Nehmen Sie ihn nicht in die Öffentlichkeit mit, wenn viele Menschen unterwegs sind. Ist er an einen Maulkorb gewöhnt, können Sie Zwischenfälle vermeiden. Aber auch wenn Ihr Hund dann keine Gefahr darstellt – beherzigen Sie dennoch den richtigen Umgang bei Kontakt mit Menschen. Sie ersparen dem Hund dadurch viel Stress. Angstbedingte Aggressivität hat nichts mit Dominanz, Ungehorsam oder Ähnlichem zu tun. Reagieren Sie daher nie verärgert oder mit Druck auf dieses Verhalten. Angst kann man nicht bestrafen. Das würde den Konflikt und die Angst des Hundes nur verschlimmern und ihn letztlich gefährlich machen. Ein Hund kann auch vor Geräuschen oder Objekten Angst haben. Auch hier ist es wieder wichtig, ihn nicht beruhigend zu streicheln, denn auf Hündisch heißt das: »Gut, dass du davor Angst hast.« So würden Sie seine Furcht also verstärken. Gewöhnen Sie ihn allmählich an die Reize und bleiben Sie selbst immer entspannt, locker und fröhlich. Zwingen Sie ihn zu nichts, denn auch dadurch würde Ihr Vierbeiner nur noch unsicherer werden.

Ich möchte mit dir spielen!

Vor allem junge Hunde spielen häufig und ausdauernd. Nicht wenige Vierbeiner bleiben aber auch ihr ganzes Leben lang verspielt. Bei jungen Hunden dient das Spiel zum einen als Fitnesstraining, zum anderen zum Erlernen der Verständigung untereinander. Da wird beispielsweise ausprobiert, wie fest man »zubeißen« kann, ohne dass der andere nicht mehr mitspielt oder sich wehrt. So lernen die Welpen die Beißhemmung gegenüber Sozialpartnern. Im Spiel zeigen Hunde Signale aus allen Bereichen ihres Verhaltens, aber ohne dass diese Signale unbedingt zusammenpassen und ohne Ernsthaftigkeit. Der Hund kann z. B. ein Drohgesicht zeigen, aber alle anderen zum Drohen gehörenden Signale fehlen. Dabei läuft er hoppelnd und freudig wedelnd auf seinen Spielpartner zu. Diese überschießenden, hopsenden Bewegungen dienen dazu, zu unterstreichen, dass alles ein Spiel ist – gleich welche Signale gesendet werden.
Hunde spielen sehr unterschiedlich und nicht alle gleich gern. Manche spielen lautlos, andere sind lauter, bellen und knurren auch. Die einen spielen sanft, bei anderen sieht das Spiel so rau aus, dass man glauben könnte, das Ganze sei ernst.
Zum Spiel aufgefordert wird häufig mit der Vorderkörper-Tiefstellung. Dabei liegt der Hund praktisch vorn im Platz, das Hinterteil steht aber. In dieser Stellung hopsen viele vor dem Spielpartner hin und her und schleudern auch mit dem Kopf. Manche Vierbeiner bellen dazu. Sie balgen sich gern auf dem Boden, wobei mal der eine, mal der andere oben bzw. unten ist. Beliebt sind bei vielen Hund Verfolgungsspiele, auch mit einem Objekt. Meine Hündin liebt es, mit einem Stöckchen auffordernd neben einem Spielpartner herzuhopsen, um ihn zum Verfolgen zu animieren.

SPIELEN Wenn Hunde miteinander spielen, könnte man stundenlang zusehen. Hunde, die sich kennen, haben oft Lieblingsspiele. Die einen balgen sich gern, andere stehen mehr auf Rennspiele und spielerische Verfolgungsjagden. Manche spielen leise, andere dagegen ziemlich wild. Die einen mögen das stürmische Spiel, während die nächsten »mit Gefühl« spielen. So mancher Vierbeiner passt seinen Spielstil sogar dem Mitspieler, etwa einem Welpen oder schwächeren Hund, an.

SPIELAUFFORDERUNG Eine der typischen Spielaufforderungen ist diese Art der Vorderkörper-Tiefstellung, kombiniert mit einem entsprechend entspannten, freundlichen Gesichtsausdruck. Dieser Vierbeiner animiert samt Spieltau zu einem Rennspiel um die »Beute«. Dabei lässt man den Verfolger immer wieder so nahe herankommen, dass dieser die Lust nicht verliert, das Spielzeug aber ganz knapp möglichst lange nicht erwischt.

»KAMPF« UM DIE BEUTE Bei Hunden, die sich gut kennen und verstehen, bleibt auch das Ziehen um die Beute ein Spiel. Andernfalls sollten Sie kein Spielzeug anbieten.

Hinweis Manchmal kann unter erwachsenen Hunden aus Spiel auch Ernst werden. Beispielsweise dann, wenn einer etwas missverstanden hat oder wegen seiner Veranlagung oder mangelnden Sozialisierung die Hundesprache nicht beherrscht. Dann kann es z. B. passieren, dass aus einem Rennspiel eine Keilerei wird.

Das heißt von Hund zu Hund Freuen Sie sich, wenn Ihr Vierbeiner verspielt ist. Im Welpenalter sollten Sie mit ihm eine gute Welpengruppe besuchen, damit er unter anderem auch die Kommunikation mit gleichaltrigen Artgenossen »studieren« kann. Auch später sollte er gelegentlich die Möglichkeit bekommen, mit anderen Hunden zu spielen. Achten Sie aber darauf, wie Ihr Vierbeiner spielt. Wenn er den anderen dabei nur unterbuttert oder selbst immer der Unterlegene ist, dann passen die Spielpartner nicht ideal zusammen. Die Art des Spielens kann zu verschieden sein, oder vielleicht passen die Hunde in Größe und Gewicht nicht zusammen. Eingreifen sollten Sie auch, wenn Ihr Vierbeiner jeden Artgenossen auf Teufel komm raus »niederspielen« möchte, gleich ob dieser nun will oder nicht und womöglich schon warnt.

Nicht jeden Wunsch sofort erfüllen

FORDERN Bekommt Ihr Hund vor allem Zuwendung, wenn er auf sich aufmerksam macht, etwa wenn er Sie anbellt oder an Ihnen hochspringt?

IGNORIEREN Wenn das der Fall ist, sollten Sie etwas ändern. Gestalten Sie den Umgang so, dass Sie häufiger Aufforderungen des Hundes ignorieren, aber selbst aktiver werden.

Das heißt von Hund zu Mensch Spielen macht Spaß und festigt die Bindung. Nutzen Sie das für die Beziehung zwischen Ihrem Hund und Ihnen. Ihr Hund sollte nicht nur Spaß mit Artgenossen haben, sondern auch mit Ihnen. Aber das Spielen mit dem Mensch heißt nicht ausschließlich Spaß haben, es bedeutet zusätzlich lernen. Auch Menschen gegenüber muss der Knirps die Beißhemmung im Spiel üben und erlernen. Spielen Sie auch jenseits des Welpenalters regelmäßig mit Ihrem Vierbeiner, sofern er ein Hund ist, der sich zum Spielen animieren lässt. Das gemeinsame Spielen wirkt sich selbst im Alter noch positiv auf die Bindung aus.

Ich möchte etwas von dir!

Hunde können sehr gut fordern. Sie tun das auf verschiedenste Weise. Die erwähnte Spielaufforderung ist eine Form davon. Hunde fordern allerhand, z. B. Aufmerksamkeit, ihren Spaziergang, Futter, Streicheleinheiten. Um etwas zu fordern, setzt der Hund sowohl seine Körpersprache als auch seine Stimme ein. Spielaufforderungen kombinieren viele Vierbeiner mit einem Spielzeug. Sie bringen das Spielzeug schwanzwedelnd oder legen es ihrem Zweibeiner immer wieder vor die Füße, um ihn zum Mitmachen aufzufordern. Manche zwicken ihren Mensch auch schon mal in die Hose oder in die Wade, damit er mitspielt. Hat der Vierbeiner das Gefühl, dass der Spaziergang fällig ist, erinnert er Sie womöglich mit Bellen daran. Vielleicht bringt er auch noch seine Leine oder springt übermütig herum. Möchte der Hund gestreichelt werden, stupst er seinen Mensch gern mit der Schnauze an oder schiebt seinen Kopf unter dessen Arm. Will ein Vierbeiner signalisieren, dass seine Mahlzeit überfällig ist, tut er das, je nach Hund, auf verschiedene Weise. Manche bringen ihren Napf.

Derart unwirsche Spielaufforderungen darf sich der Hundeknirps gegenüber seinesgleichen nicht erlauben. Gestatten Sie es ihm also auch nicht.

Fordernd legt der Hund die Pfoten auf Frauchens Bein und hofft auf Aufmerksamkeit. Soll das nicht zur Regel werden, ignorieren Sie ihn besser.

Andere bellen oder winseln Ihren Mensch an. Wieder andere können das sehr lautlos und ruhig, aber unübersehbar. Sie folgen ihrem Besitzer wie ein Schatten und setzen sich stets in seine Nähe, mit durchdringendem, leicht vorwurfsvollem Blick (aber nicht drohend!).

Bettelt der Hund, weil Sie gerade ein leckeres Stück Kuchen auf dem Teller haben, kann es sein, dass er Ihnen die Pfote auf den Schoß legt. Dieses Pföteln ist eine Forderung. Auch hier gehört der durchdringende Blick oder, respektloser, das Bellen zum Repertoire, um sich einen leckeren Happen zu »erarbeiten«. Oder er legt Ihnen sabbernd und mit herzerweichendem Blick mit der Botschaft »Bin kurz vor dem Verhungern« seinen Kopf auf den Schoß, um Sie zu erweichen, ihm von Ihrem Kuchen oder Braten etwas abzugeben. Möchte der Hund in den Garten, wieder herein oder in einen anderen Raum, macht er das beispielsweise dadurch deutlich, dass er sich einfach vor die Türe stellt oder setzt. Bellen oder winseln ist aber auch in dieser Situation meist ein sehr wirksames Mittel. Genauso wie das Hochspringen oder Kratzen an der Tür. Möchte der Vierbeiner einfach nur Aufmerksamkeit, probiert er verschiedenste »Störmanöver« aus. Ein nach Aufmerksamkeit heischender Hund springt z. B. an seinem Besitzer hoch, bellt ihn an, beißt in die Leine und ähnliche Dinge.

Das heißt von Hund zu Hund Aufforderungen dieser Art kommen bis auf die Spielaufforderung unter Vierbeinern weniger vor. Bei Hunden, die sich gut kennen, kann es aber z. B. auch einmal vorkommen, dass einer um den anderen bellend herumspringt, weil er einen Ball, den der andere gerade hat, selbst gern haben würde.

Das heißt von Hund zu Mensch Ihr Hund lernt sehr schnell, etwas von Ihnen zu fordern, wenn er damit Erfolg hat. Erreicht ein Hund dann immer oder meist sein Ziel, bestärkt ihn das jedes Mal aufs Neue. Erreicht er sein Ziel einmal nicht rasch genug, steigert er sein forderndes Verhalten, um den gewohnten Erfolg zu bekommen. Ein solcher

Vierbeiner kann sich zu einem richtigen Familientyrann entwickeln und wird dann in entsprechenden Situationen leicht zur Belastung. Er hat, für den Menschen unbewusst und oft ungewollt, gelernt, dass ein bestimmtes Verhalten zum Erfolg führt. Genauso wie er lernt, dass er ein Leckerchen bekommt, wenn er sich auf das Kommando »Sitz« hinsetzt. Nicht jeder Vierbeiner ist hier aber gleich veranlagt. Sehr führige Hunde, die sehr unterordnungsbereit sind, neigen meist weniger dazu als etwa selbstbewusstere und eigenwilligere. Aber das meiste hängt hier natürlich von der »Veranlagung« des Besitzers ab. Achten Sie also darauf, dass nicht letztlich Ihr Hund Sie »trainiert«.

Nimm mir das nicht übel!

Beschwichtigungsgesten sind, wie Sie bei den einzelnen Körperausdrücken schon lesen konnten, Teile unterwürfigen oder unsicheren Verhaltens. Fühlt sich der Hund durch das Verhalten seines Gegenübers unwohl, unterlegen oder verunsichert, beschwichtigt er den anderen mit seiner Körpersprache. Bei der aktiven Unterwerfung werden diese Signale nicht als Reaktion auf eine Drohung gezeigt, sondern zum »Einschmeicheln« und um gleich deutlich zu machen, dass man sich in guter Absicht nähert. Diese Signale werden an einen direkten Adressaten gerichtet. Wissenschaftlich belegte Beschwichtigungssignale sind das kurze Lecken der eigenen Schnauze, das Abwenden des

Die fremde Umgebung ist dem Welpen noch unheimlich. Die Hündin beruhigt ihn durch Fellknabbern.

Der Knirps fordert Mutter zum Spiel auf, zollt ihr durch Züngeln aber Respekt.

Blicks bzw. die Vermeidung von Blickkontakt, eine mehr oder weniger geduckte Körperhaltung und das Pföteln. Aber sie müssen immer im Kontext der Situation gesehen werden und dürfen nicht überinterpretiert werden. Pföteln kann z. B. auch auffordernden Charakter haben. Wenn der Hund in eine andere Richtung blickt, kann er dort einfach etwas wahrgenommen haben. Schnüffelt der Hund bei der Begegnung mit Artgenossen am Boden, zeigt das lediglich, dass er die Witterung hier interessant findet und ihm der Artgenosse jetzt egal ist. Der Beschwichtigung dient das nicht.

Das heißt von Hund zu Hund Ob ein Vierbeiner durch solche Gesten eine Auseinandersetzung letztlich vermeiden kann, hängt von vielen Faktoren und der Situation ab. Bei Hunden mit intaktem Sozialverhalten wird bei Begegnungen meist nichts weiter passieren. Bei aktiver Unterwerfung gibt es in der Regel auch keine Probleme. Beschwichtigt Ihr Hund andere, weil er Angst hat, lesen Sie noch einmal auf Seite 29 »Das macht mir Angst« nach.

Das heißt von Hund zu Mensch Der Hund zeigt seinem Zweibeiner gegenüber beispielsweise dann Beschwichtigungssignale, wenn er ein Verhalten des Menschen nicht einordnen kann und dadurch verunsichert ist, oder auch dann, wenn man zu viel Druck ausübt. Wenn Ihr Hund den Kopf zur Seite dreht, sich klein macht oder sich die Schnauze leckt, wenn Sie drohend auf ihn zugehen, beschwichtigt er. Das kann bereits passieren, wenn Sie ihn zurechtweisen oder korrigieren, und ist kein »Alarmzeichen«. Was ein Hund aber als »Bedrohung« oder als Dominanzgeste seines Menschen empfindet, hängt auch von seiner Veranlagung ab. Sehr weiche Hunde zeigen Beschwichtigungsgesten unter Umständen auch schon dann, wenn ihr Zweibeiner lediglich zügig auf sie zugeht und sie

Kratzen dient der Körperpflege. Kratzen kann aber auch Zeichen eines Konflikts sein und ist dann eine sogenannte Übersprungshandlung.

dabei direkt ansieht. Zeigt ihr Hund Ihnen gegenüber häufig ausgeprägte Beschwichtigungssignale, sollten Sie den Umgang mit ihm überdenken. Sicheres, souveränes Auftreten gegenüber dem Hund ist wichtig. Aber sind Sie vielleicht zu autoritär? Hat er kein Vertrauen zu Ihnen? Bauen Sie Übungen nicht systematisch genug auf? Überfordern Sie Ihren Hund? Beschwichtigungsgesten haben nichts mit Ungehorsam zu tun!

Auch hier gilt: Nicht jedes Lecken, jedes Abwenden des Kopfes usw. hat gleich einen tieferen Sinn. Beobachten Sie Ihren Vierbeiner genau. Sie werden sehen, dass er sich z. B. auch nach der Körperpflege oder wenn er sich gemütlich hingelegt hat, die Schnauze leckt. Das hat nichts mit Beschwichtigung zu tun. Schauen Sie also immer die gesamte Situation an und vermeiden Sie sowohl Über-, als auch Fehlinterpretationen.

Ich hab' da ein Problem!

Hunde, die sich in einem Konflikt befinden, verunsichert oder gestresst sind, zeigen Übersprungshandlungen. Das sind keine Botschaften an einen anderen Vierbeiner oder Menschen. Übersprungshandlungen zeigt der Hund, wenn er daran gehindert wird, das zu tun, was er eigentlich möchte, bzw. wenn er sich nicht entscheiden kann, was er tun soll. Häufige Übersprungshandlungen sind das Gähnen, Sichkratzen und bei manchen Hunden das Hochspringen. Auch das Lecken der Schnauze kann als Übersprungshandlung gezeigt werden. Hat der Hund starken Stress, kann er das mit Hecheln zeigen. Auch diese Signale kommen in anderen Zusammenhängen vor. Vierbeiner gähnen z. B. auch dann häufig, wenn sie sich nach dem Aufwachen oder einer Ruhepause strecken. Oder sie kratzen sich, weil es sie irgendwo juckt. Ist der Hund außer Atem, ist es sehr heiß oder hat er gar Fieber,

Das Gähnen ist häufig eine Übersprungshandlung. Es kann aber auch nichts »Tieferes« bedeuten. Betrachten Sie immer die Gesamtsituation.

hechelt er ebenfalls. Ob ein Signal nun eine Übersprungshandlung ist, ergibt sich auch hier aus der dazugehörigen Situation. Konfliktsignale dürfen weder fehl- noch überinterpretiert werden.

Das heißt von Hund zu Hund Wenn z. B. ein Rüde hinter einem Gartenzaun steht und seine »Angebetete« draußen vorbeiläuft, kann ihn diese Situation dazu veranlassen, zu gähnen oder sich zu kratzen. Nichts täte er lieber, als dem verlockenden Duft zu folgen, aber der Gartenzaun verhindert dies leider. Er kann also sein Bedürfnis gerade nicht befriedigen. Hier ist dieses Verhalten eine Übersprungshandlung. Ist ein Hund sehr aufgeregt, etwa weil er spielende Artgenossen sieht, aber selbst an der Leine bleiben muss, kann es ein, dass er deshalb zu hecheln beginnt.

Das heißt von Hund zu Mensch Konflikte können im Training, aber auch im Alltag entstehen. Möchten Sie z. B., dass Ihr Vierbeiner neben Ihnen sitzen bleibt, obwohl dieser lieber die Artgenossen zu einem Spielchen auffordern würde, kann es ein, dass er aus diesem Konflikt heraus gähnt oder sich kratzt. Meine Hündin gähnt z. B. gelegentlich dann, wenn ich neben ihr stehe, ihr Apportel werfe, es aber dann selbst hole und sie sitzen bleiben muss, was sie eigentlich nicht erwartet hat. Beim zweiten Mal gähnt sie dann schon nicht mehr – sie hat ihre Apportierleidenschaft jetzt sozusagen im Griff. Reagieren müssen Sie in einem solchen Fall nicht, denn der Vierbeiner soll ja etwas lernen. Achten Sie aber darauf, dass die Übungen so aufgebaut sind, dass der Hund nicht überfordert wird und auch genau weiß, was Sie von ihm wollen. Denn zeigt ein Vierbeiner permanent ausgeprägt Übersprungshandlungen, ist er überfordert, und Sie sollten Ihren Übungsplan überdenken. In einem Konflikt befindet sich ein Hund z. B. auch dann, wenn er

Hund und Kind können die besten Freunde sein, wenn konfliktträchtige Situationen vermieden werden. Einerseits nehmen Hunde Kinder in der Regel nicht ernst, andererseits erkennen Kinder oft die feinen Signale der Vierbeiner nicht. Hund und Kind deshalb nicht unbeaufsichtigt lassen!

Hühner jagen möchte, diese aber unerreichbar hinter einem Maschendraht sind. Er will unbedingt jagen, kann aber nicht. Möglicherweise steht der Hund nun vor dem Zaun und zeigt eine Übersprungshandlung. Verhält sich Ihr Vierbeiner so, lenken Sie ihn sofort ab, damit er gar nicht erst auf die Idee kommt, jagen zu wollen.

Auch aggressives Verhalten kann eine Art Übersprungshandlung im weiteren Sinn (umorientiertes Verhalten) sein. Wenn ein angeleinter Hund z. B.

Kind und Hund

AUFSICHT Behalten Sie den Kontakt zwischen Kind und Hund im Auge. Zeigt der Hund, dass es ihm nicht gut geht, greifen Sie ein. Sorgen Sie dafür, dass der Hund eine Rückzugsmöglichkeit hat, wo er ungestört ist. Bedenken Sie – auch der gutmütigste Hund ist kein Spielzeug.

einen anderen angreifen möchte, aber nicht kann, und der Besitzer ihn anfasst, schnappt der Vierbeiner möglicherweise nach hinten und lässt seine aufgestaute Energie am »Ersatzobjekt Hand« aus.

Wir gehören zusammen!

Zum Ausdrucksverhalten des Hundes gehört auch die Kommunikation durch Berührungen. Körperkontakt kann negative Botschaften genauso übermitteln wie positive. Über die negativen Botschaften durch Berührungen konnten Sie schon weiter vorn etwas lesen. Dazu gehören das Anrempeln wie auch das Legen des Kopfes auf den Rücken des Unterlegenen. Der Schnauzgriff, der in erster Linie dazu dient, Welpen und übermütige Jungspunde in

die Schranken zu weisen, gehört ebenfalls zur Kommunikation durch Berührung. Der Schnauzgriff wird im Rudel aber auch positiv eingesetzt. Dabei umfasst der überlegene Partner sanft die Schnauze des unterlegenen und signalisiert auf diese Weise die Zusammengehörigkeit zwischen beiden. Damit lässt sich aber noch mehr ausdrücken. Gegenseitiges Belecken oder spielerisches Rangeln mit den Schnauzen signalisieren Freundlichkeit und Bindung zwischen den Partnern. Dasselbe gilt für das gegenseitige Beknabbern des Fells, das weniger der Körperpflege dient, sondern ebenfalls das Zusammengehörigkeitsgefühl unterstreicht. Den gleichen Zweck hat auch das Kontaktliegen, bei dem die Partner mit engem Körperkontakt beieinanderliegen. Sehr gerne machen das beispielsweise Welpen untereinander oder mit ihrer Mutter. Bei älteren Hunden hängt es vom sozialen Status ab, wer sich so eng zu wem legen darf.

Das heißt von Hund zu Hund Wenn Ihr Vierbeiner eine besondere Bindung zu einem oder mehreren Artgenossen hat, können Sie diese Art der Kommunikation beobachten. Trifft meine Hündin ihre Schwester, ist die Freude jedes Mal auf beiden Seiten groß. Die beiden sind meist nach wenigen Minuten in ihr Lieblingsspiel vertieft. Sie liegen beide auf dem Boden und rangeln ausdauernd mit den Schnauzen. Das Ganze untermalen sie mit den verschiedensten Tönen. Liegt dann auch noch ein Ball oder Apfel in der Nähe, bauen sie den in ihr Spiel ein, indem sie ihn während ihrer Schnauzenzärtlichkeiten hin- und herreichen.

Diese Art Körperkontakt ist nicht jedermanns Sache. Wenden Sie sich kommentarlos vom Hund ab. Dann wird er mit der Zeit aufhören.

An Mamas Milchbar ist es gemütlich. Die Nähe und Wärme von Mutter und Geschwistern gibt Sicherheit und festigt den Zusammenhalt.

Ruhiges Kraulen seitlich am Kopf mögen die meisten Hunde gern. Nase an Nase muss man dabei aber nicht unbedingt sein …

Das heißt von Hund zu Mensch Wenn Ihr Vierbeiner Ihnen zeigen möchte, dass er zu Ihnen gehört, macht er das im Prinzip genauso, wie er es einem Artgenossen gegenüber tun würde. Kontaktliegen beispielsweise lieben viele Hunde sehr, auch wenn sie dem Welpenalter schon längst entwachsen sind. Legt er Ihnen dabei z. B. den Kopf auf den Schoß, hat das nichts mit Dominanz zu tun. Aber nicht alle Hunde sind hier gleich. Manche »wanzen« sich ganz eng und lange an ihren Zweibeiner, andere nur kurz, wieder andere mögen lieber etwas Distanz. Das hängt zum einen davon ab, welcher Typ Ihr Hund ist. Zum anderen aber auch davon, wie vertrauensvoll die Beziehung zwischen Ihnen und Ihrem Vierbeiner ist. Meine Hündin kommt unterwegs immer mal wieder zu mir und stupst meine Hand kurz mit der Nase an, als möchte sie sagen: »Du bist noch da, und ich gehöre zu dir.« Manche Hunde versuchen auch ihren Mensch zu beknabbern. Da wir aber kein Fell aufzuweisen haben, ist das meist nicht so angenehm.

Falls Sie nicht beknabbert werden möchten, lenken Sie den Hund am besten z. B. mit einem Spiel ab. Nichts mit Beknabbern zu tun hat aber das Zwicken, das viele Hunde im Spiel anwenden oder manchmal auch, um zum Spiel aufzufordern. Andere Vierbeiner wiederum sind sehr leckfreudig und würden ihrem Zweibeiner am liebsten ausgiebig über das Gesicht schlabbern. Was hinsichtlich der Kommunikation durch Berührungen beim Hund die Schnauze ist, ist das bei uns die Hand. Wenn Sie sich also nicht unbedingt das Gesicht »waschen« lassen möchten, dann lenken Sie die Liebesbeweise auf die Hände um.

Lassen Sie ihn Ihre Hand ruhig ein paar Mal ablecken. Ist Ihr Vierbeiner sehr leckfreudig, lenken Sie seine Aufmerksamkeit danach beispielsweise auf ein Spielzeug um. Oder lassen Sie ihn eine kleine Übung machen, die er sehr gut kann. Wenn er sie brav ausführt, ist natürlich ein ausgiebiges Lob angesagt. Das tut ihm gut und lenkt ihn von seinen Liebesbeweisen ab.

Ich will Liebe machen!

Die Geschlechtsreife erreichen Hunde meistens im Lauf des zweiten Lebenshalbjahres. Bei spätreifen Rassen kann es auch bis nach dem ersten Geburtstag dauern. Rüden beginnen dann zu markieren, Hündinnen werden zum ersten Mal läufig. Rüden sind »allzeit bereit«, können und wollen sich zum Leidwesen so manchen Rüdenbesitzers das ganze Jahr über paaren. Hündinnen sind etwa zweimal jährlich nur zu bestimmten Tagen während der Läufigkeit paarungsbereit. Wird eine Hündin läufig, setzt sie ihren Urin in kleinen Mengen ab, damit jeder Rüde, der vorbeikommt, über ihren hormonellen Zustand informiert wird. Der Rüde kann aus der Zusammensetzung des Urins den Stand der Läufigkeit »ablesen«, das heißt, ob die Hündin noch am Beginn der Läufigkeit steht oder womöglich schon deckbereit ist. Trifft ein Rüde auf eine gut riechende Hündin, beginnt er sie zu umwerben. Er »wirft sich in Schale« – er macht sich groß und streckt den Hals. Sein Körper ist angespannt, die Ohren sind leicht zurückgelegt. Das Gesicht ist ganz glatt, die Augen eher groß. Manche Rüden winseln und jammern dabei. Der Rüde stolziert um die Angebetete herum, versucht ihre Ohren zu lecken und natürlich an das Hinterteil zu kommen. Dabei bleibt er aber stets aufmerksam, denn es kann durchaus sein, dass er seitens der Hündin mehr oder weniger deutlich in die Schranken gewiesen wird. Das wird ihn aber nicht wirklich daran hindern, der Um-

Wer gut zielen kann und seine Nachricht an einer solchen Stelle hinterlässt, wird gewiss nicht »übersehen«.

Damit auch wirklich jeder weiß, welch wichtiger Vierbeiner hier war, wird der Duft weiträumig verteilt.

schwärmten nach kurzem Ausweichen erneut auf die Pelle zu rücken. Etwa in der Mitte der Läufigkeit (kann aber auch früher oder später sein) kommt die Hündin in die sogenannte Standhitze. Wenn der Rüde sich jetzt dem Hinterteil nähert, »steht« die Hündin – sie drückt den Rücken etwas durch und legt die Rute zur Seite. Der Rüde springt nun auf und deckt die Hündin.

Durch Schwellkörper in der Vagina der Hündin kommt es anschließend zum »Hängen«. Die Hunde bleiben nun bis zu einer halben Stunde verbunden und stehen dabei Hinterteil an Hinterteil. Vor dem Deckakt wird aber oft noch gespielt.

Viele Hündinnen werden vier bis sechs Wochen nach der Läufigkeit scheinträchtig. Sie tun so, als bekämen sie Welpen. Das Gesäuge schwillt an, und sie bauen ein »Nest«.

Im Vergleich zum Wolf haben Hunde ein eher übersteigertes Fortpflanzungsverhalten. Wölfe sind nur am Ende des Winters paarungsbereit und werden auch erst mit etwa zwei Jahren geschlechtsreif.

Das heißt von Hund zu Hund Rüden können eine läufige Hündin über weitere Entfernungen riechen. Treffen mehrere Rüden auf eine Hündin, die recht gut riecht, können sie sich mehr oder weniger ernsthaft als Konkurrenten sehen. Daraus kann eine Rauferei entstehen.

Aber es sind nicht nur die Jungs an den Mädels interessiert. Um die Standhitze herum sehnt sich auch die Hündin nach einem »Verlobten« und sucht ihrerseits nach Kandidaten. Daher auch der Ausdruck »läufig«. Während der Läufigkeit prüft sie deshalb intensiv die Duftmarken anderer Hunde, um »Rüden-Nachrichten« zu lesen.

Das heißt von Hund zu Mensch Dass Ihre Hündin läufig ist, merken Sie daran, dass die Vulva anschwillt und Blut absondert. Behalten Sie die Hün-

Nicht aufgepasst? Schon ist es passiert. Jetzt kann man die Hunde nicht mehr trennen. So kommt unverhofft Welpennachwuchs ins Haus.

din gut im Auge und lassen Sie sie vor allem in der Standhitze nicht ohne Leine laufen, auch nicht alleine im Garten. So mancher Rüde büxt von zu Hause aus. Schnuppert Ihr Rüde am Duft einer läufigen Hündin, beginnt er zu sabbern und/oder mit den Zähnen zu klappern und »klebt« regelrecht an dieser Duftbotschaft fest. Auch wenn er zu Hause unruhig ist, jammert und schlecht frisst, hat er vermutlich eine läufige Hündin gewittert. Hypersexuelle Rüden neigen dazu, jede Hündin zu bespringen und in jedem Geschlechtsgenossen einen Gegner zu sehen. Hier kann eine Kastration helfen.

Hier war ich!

Wie Sie schon lesen konnten, verständigen sich Hunde auch durch Duftmarken (→ Seite 13). Je selbstbewusster der Hund, desto ausgeprägter das Markieren! Viele Hunde scharren danach noch, um ihre Botschaft weiträumig zu verteilen und ihr Territorium abzustecken. Aber die meisten Vierbeiner markieren ganz normal – schnüffeln und »überschreiben«, außer es ist die Duftmarke eines eindeutig Ranghöheren. Auch Hündinnen setzen ihren Urin nicht immer ziel- und planlos ab. Manchmal schnüffelt meine Hündin an einer »Nachricht« und löst sich dann direkt darauf. Vor allem dann, wenn die nächste Läufigkeit naht. Es gibt jedoch Hündinnen, die ihren Urin unabhängig von Läufigkeiten an erhöhten Stellen und in kleinen Mengen absetzen und danach sogar scharren. Manche heben dazu in der Hocke ein Hinterbein. Hundedamen, die unabhängig von Läufigkeiten markieren, sind meist kastriert oder sehr selbstbewusst.

Das heißt von Hund zu Hund Diese Art Botschaft hat den Vorteil, dass sie sowohl gesendet als auch noch gelesen werden kann, wenn der Absender gar nicht da ist. Überschreibt einer die Nachricht eines anderen, signalisiert er diesem dadurch, dass dieser eigentlich überhaupt nichts zu melden hat. Außerdem werden damit die Territoriumsgrenzen markiert. Alle Geheimnisse des Markierens wird man nicht lüften können, dafür wissen wir zu wenig über die Geruchswelt der Hunde.

Das heißt von Hund zu Mensch Das Markieren während des Spaziergangs ist völlig normal. Der Vierbeiner soll auch Gelegenheit haben, die »Hundenachrichten« ausgiebig zu lesen. Allerdings in erster Linie dann, wenn er frei läuft. Lassen Sie sich nicht an der Leine von einer Duftmarke zur anderen zerren, sonst fördern Sie dieses Zerren. Steht der Hund unter einem Kommando, hat er ebenfalls nicht zu markieren, denn dadurch würde er ja die Übung unerlaubt beenden. Außerdem wäre das Markieren dann ziemlich lästig – stellen Sie sich vor, Sie sind in einem Ort unterwegs, und Ihr Vierbeiner zerrt Sie von einer Häuserecke zur anderen, um seine Duftmarken zu hinterlassen.
Haben Sie einen Macho, der sehr ausgiebig und mit viel Scharren oder Knurren markiert, dann sollten Sie ihn auch frei laufend ruhig einbremsen. Er muss es ja nicht übertreiben.

Ich fühle mich wohl!

Fühlt sich der Hund rundum wohl, zeigt er ein sogenanntes Komfortverhalten. Der Vierbeiner streckt sich genüsslich nach dem Aufwachen oder längerem Liegen, gähnt auch mal dazu und schüttelt sich. Viele wälzen sich gern auf dem Teppich oder im Gras. Schläft der Hund auf dem Rücken, drückt das ebenfalls völlige Entspannung und Vertrauen aus und zeigt, dass er sich vollkommen sicher fühlt. Zum Komfortverhalten gehört auch die Körperpflege – der Hund leckt und beknabbert sich an verschiedenen Stellen.

Wellness für den Hund. Wälzt sich der Vierbeiner genüsslich im Gras oder auf dem Teppich, heißt das, er fühlt sich ausgesprochen wohl.

Auch dieser Vierbeiner fühlt sich wohl. Entspannt liegt er da und wischt sich mit den Pfoten über das Gesicht. Das gehört zwar zur Körperpflege, scheint aber auch ein Ausdruck von Wohlbehagen zu sein. Manche Hunde schlafen sogar in dieser Stellung, was zeigt, dass sie sich absolut sicher fühlen.

Das heißt von Hund zu Hund Gegenseitige Fellpflege durch Beknabbern und Lecken gehört ebenfalls zum Komfortverhalten, ist dann aber auf einen Partner gerichtet. Wie Sie auf Seite 38 (»Wir gehören zusammen«) lesen konnten, dient es außerdem der Festigung der Bindung unter Sozialpartnern.

Das heißt von Hund zu Mensch Zeigt Ihr Vierbeiner diese Verhaltensweisen, können Sie davon ausgehen, dass es ihm rundum gut geht und er sich pudelwohl fühlt.

Fehlendes Komfortverhalten deutet daher darauf hin, dass mit Ihrem Hund etwas nicht stimmt. Er fühlt sich nicht wohl. Vor allem fehlendes Strecken, Schütteln und Körperpflege sind Indikatoren dafür, denn diese Verhaltensweisen zeigen Hunde in der Regel täglich und regelmäßig. Auch zu viel Körperpflege kann auf ein Problem hindeuten. Ständiges Beknabbern oder Lecken kann sowohl auf eine Verletzung oder Entzündung als auch auf eine Verhaltensstörung hinweisen.

Von Mensch zu Hund

Für die Kommunikation mit dem Vierbeiner ist es nicht nur wichtig, seine Botschaften zu verstehen, sondern auch, dass er Sie versteht. Da Hunde anders »denken« als wir, müssen wir uns in ihre Welt hineinversetzen, um Botschaften an unseren Hund so zu gestalten, dass auch das ankommt, was wir möchten.

Der Hund ist ein guter Beobachter

Da sich unsere Vierbeiner mit ihresgleichen, wie Sie schon wissen, in erster Linie über die Körpersprache verständigen, haben sie die Fähigkeit, ihre Artgenossen sehr gut zu beobachten und auch die kleinsten Feinheiten zu erkennen. Menschen sind für Hunde echte Sozialpartner, deshalb achten sie auch sehr auf die Körpersprache von uns Zweibeinern. Sie »lesen« sie allerdings, wie alles, was wir ihnen gegenüber an Signalen zeigen, auf Hundeart. Das sollten Sie sich immer wieder bewusst machen, denn viele unserer Reaktionen und Verhaltensweisen haben aus menschlicher Sicht einen ganz anderen Sinn als aus der Sicht des Hundes. Daraus entstehen sehr leicht Missverständnisse, und man erreicht sogar manchmal genau das Gegenteil von dem, was man eigentlich wollte. Denken Sie also stets daran, Ihren geliebten Vierbeiner möglichst nicht zu vermenschlichen.

Neben der Körpersprache orientieren sich unsere Hunde stark an der menschlichen Stimme. Allerdings verstehen sie nicht den Sinn der Wörter, können aber dem Tonfall und den Betonungen viel entnehmen. Der Geruch spielt zwischen Hund und Mensch natürlich auch eine Rolle. Ob jemand Angst hat, krank oder nervös ist, das und ganz sicher noch viel mehr kann der Hund an menschlichen Geruchsbotschaften ablesen. Leider sind unsere Fähigkeiten in diesem Bereich sehr bescheiden, und wir können daher in der Verständigung mit dem Vierbeiner Gerüche nicht bewusst einsetzen. Damit eine menschliche Botschaft richtig bei einem Hund ankommt, müssen Körpersprache und Stimme des Menschen immer passend miteinander kombiniert und auf das, was Sie damit erreichen wollen, abgestimmt werden. Gelingt Ihnen das, werden Sie und Ihr Hund sich bestens verstehen.

Botschaften an den Hund

Unsere Körpersprache und unsere Stimme sind die beiden wesentlichen Mittel der Kommunikation zwischen Mensch und Hund. Die Körpersprache ist dabei mindestens ebenso wichtig wie die Stimme. Bei vielen Ausbildungen und Prüfungen im Hundewesen sind jedoch Sichtzeichen oder andere Signale der Körpersprache des Menschen nicht erlaubt. Man darf sich praktisch nicht artgerecht mit dem Hund verständigen. Diese Form der Ausbildung ist nach den Erkenntnissen in der heutigen Zeit – meiner Meinung nach – völlig veraltet und für die moderne Hundeerziehung nicht akzeptabel.

Signale der Körpersprache

Damit können Sie Ihrem Hund eine ganze Menge vermitteln. Sie signalisieren ihm Ruhe oder Aufregung, animieren ihn zu kommen oder hemmen ihn in der Bewegung. Sie können ihn aber auch loben oder tadeln. Nicht alle Hunde reagieren gleich. Bei manchen reichen feine Signale, andere brauchen eine deutliche Körpersprache, damit die Botschaft richtig ankommt. Beobachten Sie Ihren Hund gut, damit Sie ihn besser einschätzen können.

Die Mimik Ein Lob wird durch die entsprechende Mimik unterstrichen. Ein freundliches Gesicht mit freundlichem Blick macht das stimmliche Lob noch viel positiver für Ihren Vierbeiner. Ist Ihr Blick dagegen neutral, deutet das auch Ihr Hund so: Es ist nichts Besonderes los. Ein sehr ernster Gesichtsausdruck wirkt auf den Hund schon eher negativ, wenn er direkt auf ihn gerichtet ist. Je ernster und grimmiger, umso negativer und bedrohlicher wirken Sie auf den Hund. Diese Art Mimik macht ein stimmliches »Nein« oder »Pfui« gleich noch wirkungsvoller. Welche Dosis Ernst oder Freundlichkeit es braucht, damit der Hund sich freut oder ein Verbot akzeptiert, hängt sehr davon ab, welcher Typ Ihr Hund ist. Weichere Hunde brauchen bei Verboten weniger als sture, hartgesottene Vierbeiner. Richtet man seinen Blick mit ernstem Gesicht jedoch in eine bestimmte Richtung, signalisiert das dem Vierbeiner: »Hoppla, da ist etwas im Busch.«

Dass das Tätscheln des Kopfes aus Hundesicht keine Belohnung ist, lässt sich an diesem Vierbeiner sehr schön erkennen.

Der Hund kommt, und Frauchen greift gleich nach dem Halsband – das wirkt bedrohlich. Er bremst oder weicht mit der Zeit sogar aus.

So ist es gut – der Vierbeiner bekommt ganz nah am Menschen die Belohnung. Da kommt er gern, und man kann ihn ohne Hektik anleinen.

Blickkontakt Wie Sie auf Seite 46 gelesen haben, wirkt direkter Blickkontakt nicht immer bedrohlich auf den Hund. Man kann seinen Hund sehr liebevoll ansehen, z. B. während des Kuschelns, aber auch aufmerksam und natürlich bedrohlich. Je starrer und »grimmiger« man ihn ansieht, umso negativer wirkt der Blickkontakt. Die Wirkung hängt auch von den sonstigen Signalen ab. Wenn ich etwa mit meiner Hündin trainiere, sehe ich sie aufmerksam an und sie mich ebenfalls sehr konzentriert. Wenn sie aber mit eindeutigen Absichten in der Nähe sitzt, während ich meinen Joghurtbecher auslöffele, genügt es, einen eher ernsten Blick langsam und wortlos in ihre Richtung zu lenken. Dann schaut sie weg, legt sich hin und lasst den Joghurt Joghurt sein. Erst wenn ich fertig bin, bekommt sie den Becher zum Auslecken. Auch die Vermeidung von Blickkontakt gehört zur Kommunikation zwischen Mensch und Hund. Da der Blickkontakt eine Form der Zuwendung ist, kann Ignorieren (also die Vermeidung von Blickkontakt) in der Verständigung

mit dem Hund zum Abbau unerwünschter Verhaltensweisen wie z. B. betteln oder anderen Aufforderungen dienen. Man kann auch so tun, als hätte man ein Verhalten nicht bemerkt. Das ist immer dann ratsam, wenn es ein Verhalten ist, bei dem man sich momentan nicht sicher ist, wie man am besten reagieren soll, oder wenn eine Reaktion Ihrerseits ungünstigerweise eins zu null für den Hund ausginge. Also beispielsweise dann, wenn der Hund auf dem Sofa liegt und die Zähne zeigt. Oder wenn Ihr Liebling während der Gartenarbeit gerade Ihren Arbeitshandschuh gestohlen hat und Ihre Bemühungen, diesen wieder zu bekommen, in einer chancenlosen Verfolgungsjagd enden würden. Es ist besser, sich in solchen Fällen erst einmal eine Taktik zurechtzulegen und diese bei nächster Gelegenheit anzuwenden bzw. die Situation dann gezielt noch einmal herbeizuführen. Vierbeinern, die Menschen gegenüber unsicher sind, kann man durch Vermeidung des Blickkontakts weiteren Stress ersparen. Denn auf diese Weise signalisieren Sie, dass Sie gar nichts von ihm wollen. Das Vermeiden des Blickkontakts in den hier beschriebenen Situationen hat nichts mit Beschwichtigung, wie sie unter Hunden üblich ist, zu tun.

Bewegungen Bewegungen können entschlossen, zögerlich, motivierend oder hemmend sein. Bewegen Sie sich beispielsweise zügig von Ihrem Hund weg, wird er Ihnen wesentlich eher folgen, als wenn Sie irgendwo stehen und auf ihn warten. Je schneller Sie sich wegbewegen, umso eher hat Ihr Hund das Gefühl, dass es höchste Zeit ist, die »Beine unter den Arm« zu nehmen. Bewegen Sie sich jedoch auf ihn zu, bremsen Sie ihn damit ab oder veranlassen ihn gar, Ihnen auszuweichen. Soll er etwa an einer bestimmten Stelle liegen bleiben, steht aber auf und möchte Ihnen folgen, können Sie ihn bremsen, indem Sie sofort auf ihn zugehen. Auch hier hängt es wieder vom Naturell des Hundes ab, wie deutlich oder weniger ausgeprägt diese Signale sein sollten. Ihr gesamtes Auftreten im Umgang mit dem Hund hat eine große Bedeutung. Zögerliche Bewegungen und unsicheres Auftreten signalisieren ihm, dass Sie unsicher sind. Das hat zur Folge, dass er entweder auch unsicher wird oder aber dass er Sie nicht ernst nimmt. Frischgebackene Hundebesitzer haben dieses Problem oft. Sie sind sich im Umgang mit dem Hund noch nicht sicher. Der Vierbeiner merkt das und tut, was er will. Cooles, souveränes Auftreten dagegen lässt Sie Autorität ausstrahlen. Sie wirken sicher und Ihr Hund respektiert Sie und nimmt Sie ernst.

Berührungen Berührungen können wie bei Hunden untereinander ebenfalls positive oder negative Botschaften übermitteln. Streicheln und Kraulen am Körper oder im Bereich des Kopfes ist immer positiv. Man setzt diese Art der Berührung als Lob ein, aber auch beim Kuscheln und Kontaktliegen

Viele Hunde mögen es nicht, wenn man sich über sie beugt und von oben streichelt. Manchen ist es nur unangenehm, dieser Hund hat richtig Angst.

Hundenamen sparsam verwenden

NICHT ZU HÄUFIG Sprechen Sie Ihren Hund nicht zu oft mit seinem Namen an.

GEZIELTE ANSPRACHE Nennen Sie seinen Namen gezielt und sprechen Sie ihn bewusst an, wenn Sie den Vierbeiner auf etwas aufmerksam machen möchten. Das kann beispielsweise ein Spiel sein oder der bevorstehende Spaziergang.

GEHORSAM Hunde werden meist zu oft mit dem Namen angesprochen, ohne dass etwas Konkretes für sie damit in Verbindung steht oder darauf folgt. Viele hören daher nicht sehr gut auf ihren Namen.

OHNE NAME Um dem Hund beizubringen, zuverlässig auf Ruf zu Ihnen zu kommen, sollten Sie z. B. »Hier«, aber nicht seinen Namen verwenden.

bieten sich ein paar Streicheleinheiten an. Das stärkt die Bindung zwischen Ihnen und Ihrem Vierbeiner. Das Kontaktliegen gehört ebenfalls zu den positiven Berührungen. Auch das Bürsten fällt in diese Kategorie, vorausgesetzt, Sie ziepen den Hund nicht. Nehmen Sie sich Zeit für positiven Körperkontakt. Zwingen Sie ihn Ihrem Hund nicht auf, falls er nicht der Typ dafür ist oder sogar Angst hat. In bestimmten Situationen nutzt man auch negative Berührungen. Dazu gehört der Schnauzgriff, etwa wenn der Welpe im Spiel zu fest zubeißt. Oder auch ein beherzter Griff ins Nackenfell, wenn der Vierbeiner z. B. Kurs auf Ihren Kuchen auf dem Tisch nimmt. Auch das Anrempeln kann man von den Hunden übernehmen. Beispielsweise dann, wenn Sie Ihren Hund abdrängen wollen, also wenn er zu einem Artgenossen zerrt oder beim Fußgehen überhaupt nicht mehr auf Sie achtet, weil er ständig die Nase am Boden hat und sich durch nichts anderes ablenken lässt.

Berührungen vermitteln außerdem Ruhe oder Aktivität. Wenn Sie Ihren Hund dafür loben möchten, dass er ruhig sitzen oder liegen bleibt, dann streicheln Sie ihn bewusst langsam und ruhig. Wenn er jedoch eben freudig gekommen ist, dann dürfen Sie auch überschwänglicher loben.

Völlig indiskutabel im Umgang mit dem Hund sind jedoch Schläge, Schütteln am Nackenfell oder andere grobe Arten von Körperkontakt. Auch der oft empfohlene »Alpha-Wurf«, bei dem man den Hund auf den Rücken werfen soll, ist kein probates Mittel für die Hundeerziehung.

Streicheln und Kraulen an der Brust gefällt Vierbeinern und ist deshalb besonders gut als Lob oder als bindungsfördernde Geste geeignet.

Einsatz der Stimme

Ein weiteres wichtiges Kommunikationsmittel ist unsere Stimme. Richtig eingesetzt lässt sich damit sehr gut auf den Hund einwirken. Aber hier gilt Qualität vor Quantität! Wer seinen Hund zutextet, macht es ihm schwer, etwas Konkretes herauszuhören. Die Folge ist, dass der Hund nicht mehr darauf achtet, was Sie sagen. Ganz wichtig sind Tonlage und Betonung. Setzen Sie die Stimme ganz gezielt ein und achten Sie auf das Timing!

Loben Lob muss sich ganz deutlich von einer Zurechtweisung unterscheiden. Ein »So ist's brav«

oder »Fein« muss also relativ »sülzig« klingen und mit hoher Stimme gesprochen werden. Die Vierbeiner reagieren aber unterschiedlich. Manche brauchen hier mehr Engagement seitens des Zweibeiners, manche weniger. Probieren Sie es aus – der Hund sollte sich erkennbar freuen. Passen Sie das Lob der Situation an. Lob für ruhiges Verhalten wie etwa das Befolgen von »Sitz« fällt ruhiger aus als etwa für das freudige Herankommen.

Motivieren In bestimmten Situationen sollte Ihre Stimme spannend und interessant klingen. Ganz wichtig ist das, wenn Sie Ihren Vierbeiner zu sich rufen oder ihn anderweitig auf sich aufmerksam machen möchten. Wie spannend Sie sein müssen, hängt vom Hund, aber auch von der Situation ab.

Korrigieren Mit der Stimme kann man auch sehr gut korrigieren. Ein knurriges Nein in tiefer Stimmlage oder tiefes Räuspern wirkt auf viele Hunde sehr gut. Auch ein tieferes »Oh, oh, oh« ist häufig

So motivieren Sie den Hund dazu, nicht zu kommen. Auf ihn zuzugehen bremst ihn. In manchen Situationen kann dies aber notwendig sein.

sehr wirkungsvoll. Bei entsprechend feinfühligen Vierbeinern genügt die Stimme, und es braucht kaum eine körperliche Zurechtweisung wie den Schnauzgriff oder Ähnliches. Auch hier müssen Sie austesten, welcher Typ Hund Ihr Vierbeiner ist.

Kommandos Geben Sie dem Hund ein Kommando, klingt das freundlich, aber verbindlich und nicht, als wäre es eine Frage oder Bitte. Dann nimmt er Sie nämlich nicht ernst. Je nachdem, ob Sie dem Hund Ruhe oder Aktivität damit vermitteln möchten, klingt auch ein Hörzeichen ruhiger oder motivierender. Soll der Hund rasch zu Ihnen kommen, müssen Sie also entsprechend »Action« machen. Die wäre dagegen völlig fehl am Platz, wenn Ihr Liebling ruhig liegen bleiben soll.

Klang und Betonung Setzen Sie die Stimme so ein, dass der Hund das Wesentliche gut heraushört. Wie Sie wissen, versteht der Hund nicht den Sinn eines Wortes, aber sehr wohl den Klang. Deshalb ist es auch gleich, ob Sie ihm z. B. für das Sitzen das Hörzeichen »Sitz« oder »Orange« beibringen. Hörzeichen sollten möglichst kurz und prägnant sein und sich deutlich voneinander unterscheiden. Nennt man sie ohne »Begleittext« und betont man sie dazu noch gezielt, dann fällt es dem Vierbeiner leicht, präzise darauf zu reagieren. Erwartet der Hund allerdings etwas Bestimmtes, verstärkt sich seine Erwartungshaltung, wenn er dann auch noch ein Wort hört, das er damit in Verbindung bringt. Angenommen, er kennt im Zusammenhang mit seiner Mahlzeit z. B. »Fressi« und sitzt schon eine Stunde vor der Zeit mit Hypnoseblick vor Ihnen. Sagen Sie nun »Es gibt noch kein Fressi«, wird der Hund nicht wissen, dass es noch nichts gibt, sondern noch erwartungsvoller auf sein Futter hoffen.

Die Lautstärke Hunde hören sehr gut. Deshalb reicht eine relativ leise Stimme, wenn Sie die Be-

Wenn Sie schnell vom Hund weglaufen und das mit spannender Stimme untermalen, motivieren Sie ihn, zu folgen. Das Lieblingsspielzeug ist ein zusätzlicher Anreiz. Wenn der Hund durch etwas abgelenkt ist, braucht es viel Engagement Ihrerseits, um noch interessanter zu wirken.

tonung und Stimmlage entsprechend einsetzen. Außer, Sie rufen ihn zu sich. Da sollte Ihre Stimme, je nach Ablenkungsgrad, auch lauter klingen, damit Ihre Botschaft bis zu Ihrem Liebling durchdringt.

Botschaften richtig kombinieren Achten Sie immer darauf, dass Ihre Körpersprache und Ihre Stimme zusammenpassen. Wenn nämlich Ihre Stimme sicher klingt, aber Ihre Körpersprache Unsicherheit signalisiert, wird der Hund sich nicht so verhalten, wie Sie das möchten.

Das **Vertrauen** kann **leiden**

VERUNSICHERT Liegt ein Fehlverhalten länger zurück, zeigt der Hund zwar ein »schlechtes Gewissen«, reagiert aber lediglich verunsichert auf entsprechende Signale Ihrer Körpersprache oder Ihre verärgerte Stimme. Vorsicht! Kann er Ihr Verhalten nicht zuordnen, leidet sein Vertrauen zu Ihnen.

Mensch und Hund als gutes Team

Wenn Mensch und Hund sich gegenseitig gut verstehen können, ist das eine gute Basis für das Zusammenleben und den artgerechten Umgang mit dem Hund. Manches hilft dabei, anderes machen Sie besser nicht.

Tut gut

Besser nicht

+ Was möchten Sie Ihrem Hund mitteilen? Unterstreichen Sie Ihre korrekte Körpersprache immer durch den passenden Tonfall.

+ Lernen Sie, Ihren Hund möglichst genau einzuschätzen, damit Sie die Kommunikation gezielt auf ihn abstimmen können.

+ Seien Sie Ihrem Vierbeiner ein guter Teamchef – beständig, verbindlich, klar, konsequent und fürsorglich. Dann respektiert Ihr Hund Sie und fühlt sich sicher und geborgen.

+ Für ein harmonisches Zusammenleben sollten Sie den Hund körperlich und geistig auslasten und fordern.

− Vermeiden Sie im Umgang mit Ihrem Vierbeiner Nervosität und Hektik. Das überträgt sich auf den Hund.

− Körperliche Strafen wie Schläge (ob mit oder ohne Zeitung), den Hund auf den Rücken werfen und dergleichen sind nicht artgerecht.

− Stundenlanges bewusstes Nichtbeachten, Wegsperren oder anhaltendes ärgerliches Herumnörgeln nach einem unerwünschten Verhalten kann der Hund nicht einordnen.

− Durch Verhätscheln oder den Versuch, ihm stets alles recht zu machen, wird Ihr Hund Sie nicht mehr lieben, sondern weniger respektieren.

Die Sache mit der Rangordnung

Wie Sie wissen, ist der Hund ein Rudeltier. Seine »Rudelmitglieder« sind in der Regel jedoch keine oder zumindest nicht nur Hunde, sondern immer auch ein oder mehrere Menschen. Man kann zwar das, was in einem Wolfsrudel vorgeht, nicht eins zu eins auf die Mensch-Hund-Gemeinschaft übertragen, aber das »Grundgerüst« durchaus. Das heißt, es gibt Spielregeln im Zusammenleben, an die sich die Rudelmitglieder halten müssen. Da der Mensch für den Hund ein echter Sozialpartner ist, klappt das auch. Mensch und Hund sind zwar ein Team, aber nicht gleichberechtigt. Der Zweibeiner ist der übergeordnete Teampartner. Das muss so sein, denn sind Sie nur der »Kumpel« Ihres Hundes, wird er Sie nicht ernst nehmen und Ihnen folglich auch nicht gehorchen. Hunde leben eng mit uns zusammen. Deshalb muss ein Hund artgerecht erzogen werden. Er muss lernen, Regeln zu akzeptieren und sich nach dem Menschen zu richten. Dann wird es kaum Probleme im Zusammenleben geben.

Souveränität ausstrahlen Der Erfolg Ihrer Bemühungen steht und fällt mit Ihrem Auftreten. Wenn Sie Souveränität und Sicherheit ausstrahlen, werden Sie ohne großen sonstigen Aufwand von Ihrem Vierbeiner respektiert und geschätzt werden. Wenn Sie mit ihm kommunizieren, dann so, dass Sie durch Körpersprache und Stimme ganz klar wirken und von Ihrer Botschaft selbst vollkommen überzeugt sind. Bleiben Sie stets konsequent. Nur dann wirken Sie glaubwürdig. Verhalten Sie sich unentschlossen, lasch oder verunsichert, dann wird Ihr Vierbeiner nach und nach die sich dadurch bietenden Freiräume nutzen und ausbauen. Eigentlich kann der Hund gar nichts dafür, denn ihm fehlen klare Linien und Grenzen. Rasch heißt es dann: »Der Hund ist dominant.« Dominant kann man aber nur gegenüber demjenigen sein, der sich dominieren lässt. Lassen Sie also ruhig in vernünftigem

Ignorieren Sie die Bemühungen Ihres Hundes, lernt er, dass Betteln nichts bringt. Ein Blick zu ihm kann jedoch schon reichen, um ihn zu bestärken.

Maß »den Chef raushängen«. Sie werden feststellen, dass Ihr Vierbeiner viel aufmerksamer wird, Sie viel mehr schätzt und eine engere Bindung zu Ihnen aufbaut. Sie sind nun sein Idol.

Auf den Hund abstimmen Nicht alle Vierbeiner sind auch gleich. Manche sind von Natur aus sehr »weich«, akzeptieren Regeln sofort und sind bemüht, alles richtig zu machen. Solche Hunde nutzen »Führungsschwächen« ihres Menschen nicht oder nur wenig aus, können dadurch aber verunsichert werden. Andere wiederum sind etwas taffer. Sie würden sich zwar gern nach dem Menschen richten, nutzen aber sich bietende Freiräume man-

gels Alternativen bis zu einem gewissen Grad aus. Und dann gibt es noch die willensstarken Dickköpfe. Sie nutzen jede kleine Schwachstelle sofort zu ihrem Vorteil aus und ignorieren ihren Zweibeiner komplett. Außerdem gibt es natürlich noch alle möglichen Facetten dazwischen. Stimmen Sie Ihr Verhalten auf Ihren Hund ab. Bei einem weicheren Hund, der sehr bemüht ist zu gefallen, kann man ruhig häufiger auf Initiativen etwa zu Spiel und Körperkontakt von seiner Seite aus eingehen, aber natürlich nicht immer. Bei Hunden mit stärkerer Persönlichkeit gehen Sie nur selten auf Aufforderungen ein und ignorieren ihn häufiger. Hartgesot-

Manche Probleme bringt man dem Hund unbewusst selbst bei. Der Hund zerrt an der Leine zu einer Duftmarke, Frauchen geht mit. Er lernt: »Zerre ich ausdauernd genug, komme ich dahin, wo ich hinwill.«

tene Vierbeiner mit Expansionstendenzen müssen sich ausschließlich nach ihrem Menschen richten. Hier wird keiner Aufforderung des Hundes nachgegeben. Achten Sie aber darauf, dass Sie von sich aus Ihren Vierbeiner zum Spiel, Körperkontakt usw. animieren. Besonders Welpen brauchen viel bewusste und gezielte Zuwendung, um eine vertrauensvolle Bindung aufzubauen. Grundsätzlich gilt aber: Der Hund muss sich nach Ihnen richten. Das betrifft alle möglichen Alltagssituationen, gleich ob er eine Duftmarke prüfen oder zu einem Artgenossen möchte, Futter haben oder spazieren gehen möchte. Sie bestimmen, ob und wann Sie ihm was erlauben oder wann Sie was tun. Regelmäßiges Training mit dem Hund wie Gehorsamsübungen oder rassespezifische Beschäftigungen ist ein weiteres wichtiges Element, um dem Hund Ihre und seine Position klarzumachen.

Rangeinweisungen Bei mangelnder Souveränität, oder sehr selbstbewußten Vierbeinern helfen zusätzlich indirekte Rangeinweisungen. Dann sind erhöhte Liegeplätze (die nur ranghohen Rudelmitgliedern zustehen) wie Sofa, Sessel usw. für den Hund tabu, ebenso strategisch wichtige Räume wie Küche (Futter) oder Schlafzimmer (Schlafplatz vom »Boss«). Beginnt der Vierbeiner die Kontrolle über Haus und Garten zu ernst zu nehmen, darf er keinen Schlafplatz in der Nähe von Eingangstür, Treppenauf- und -abgängen und ähnlichen »Kontrollpunkten« haben. Hunde machen vom Welpenalter bis zum Erwachsensein viele Entwicklungsschritte durch. Wenn Sie Ihren Vierbeiner zunächst nicht einschätzen können, sollten Sie Privilegien wie die Nutzung des Sofas erst gar nicht einräumen. Stellt sich jedoch heraus, dass die Rangordnung klar ist, kann man das immer noch erlauben, sofern der Hund auf Aufforderung den Platz sofort räumt.

Im **alltäglichen Umgang** beachten

TIPPS VON
DER HUNDE-EXPERTIN
**Katharina
Schlegl-Kofler**

LOB UND TADEL Loben oder tadeln Sie den Hund immer unmittelbar im Zusammenhang mit dem Verhalten, das Sie beeinflussen möchten. Nur so kann er beides richtig einordnen.

ÜBER DEN HUND BEUGEN Beugen Sie sich deutlich über Ihren Hund, wenn er zu Ihnen kommt, kann es sein, dass er mit der Zeit immer weniger nah herankommt und schon weit vor Ihnen abbremst. Beugen Sie sich auch nicht übermäßig über ihn, wenn Sie ihn streicheln. Senkt Ihr Hund den Kopf dann leicht nach unten oder schaut weg, mag er das nicht.

NICHT AM HALSBAND FASSEN Greifen Sie sofort nach seinem Halsband, wenn er zu Ihnen kommt, erreichen Sie, dass Ihnen der Hund ausweicht. Denn so wirken Sie auf Ihren Vierbeiner nicht gerade einladend.

KOPF TÄTSCHELN Hundebesitzer tätscheln ihren Vierbeinern gern den Kopf. Auch das mögen viele Hunde nicht. Sie blinzeln oder senken den Kopf. Als echtes Lob kommt diese Form des Körperkontakts nicht gut an.

Sich fremden Hunden nähern

Die richtige Kommunikation zwischen Mensch und Hund gilt nicht nur für den eigenen Hund, sondern auch dann, wenn Sie auf einen fremden treffen. Wie ein Hund auf Fremde reagiert, hängt sowohl von seiner Veranlagung wie auch von der Rasse ab. Es gibt Hunde, die begrüßen jeden so, als würden sie ihn schon ewig kennen. Dazu gehören z. B. oft Golden und Labrador Retriever. Auf der anderen Seite gibt es Vierbeiner, die von Natur aus Fremden gegenüber eher distanziert sind, wie beispielsweise der Hovawart. Dazu kommen außerdem noch die Erfahrungen, die ein Hund mit Menschen gemacht hat. Nach negativen Erlebnissen verhalten sich Hunde oft ängstlich gegenüber Menschen.

Richtig Kontakt aufnehmen Wollen Sie mit einem fremden Hund Kontakt aufnehmen, sollten Sie den Besitzer fragen, ob das in Ordnung ist. Nicht jeder will, dass sein Hund von Fremden gestreichelt wird. Steht der Begegnung nichts im Wege, sprechen Sie den Hund zunächst mit dem Namen an. Ist er interessiert, strecken Sie ihm die Hand zum Beschnuppern hin. Am besten stellen Sie sich dazu leicht seitlich zum Hund und blicken ihm nicht direkt in die Augen. Das gilt vor allem dann, wenn er sich etwas zurückhaltend zeigt. Bleiben Sie gerade stehen und beugen Sie sich nicht über den Hund. Er könnte das als Bedrohung empfinden. Nur wenn der Hund sich freundlich und interessiert gibt, können Sie ihn streicheln. Bemerken Sie, dass der Hund desinteressiert ist oder ausweicht, dann sollten Sie nicht versuchen, ihn zu »überreden«. Er könnte sonst das Gefühl haben, Ihnen deutlicher sagen zu müssen, dass er keinen Kontakt möchte. Besonders ein ängstlicher Vierbeiner kann sich rasch in die Enge getrieben fühlen und dann angstbedingt aggressiv reagieren.

Nicht füttern Viele Hundebesitzer neigen dazu, bei fremden Hunden sogleich ein Leckerchen aus der Tasche zu ziehen. Der Hund wird dadurch rasch zum Bettler. Es kann unterwegs ausgesprochen unangenehm werden, wenn der Vierbeiner unter Umständen jedem Passanten an der Jackentasche klebt. Je nach Situation kann dieses Leckerchen aber auch eine Belohnung für nicht erwünschtes Verhalten sein, wenn der Vierbeiner z. B. an der Leine zu Ihnen zieht oder dazu neigt, Passanten zu

Einem fremden Hund, vor allem wenn er zurückhaltend ist, nähert man sich seitlich abgewandt und ohne direkten Blickkontakt.

An einem derart drohenden Hund gehen Sie am besten mit Abstand, ohne Hektik und ohne ihn anzusehen, zügig vorbei.

Der Junge auf dem Skateboard sollte stehen bleiben. Ruhige Bewegungen ohne Schreien beruhigen den Hund. Andernfalls animiert man ihn zur Verfolgung.

verbellen. Fragen Sie also vorher den Besitzer, ob es ihm überhaupt recht ist, wenn Sie seinem Hund etwas zustecken. Besser ist jedoch, grundsätzlich keine fremden Hunde zu füttern.

Unliebsame Begegnungen Es kommt zwar selten vor, dass man von einem fremden Hund bedroht wird, aber es kann z. B. passieren, wenn Sie unbemerkt sein Territorium betreten haben. Laufen Sie dann keinesfalls weg. Weglaufen animiert den Hund, Sie zu verfolgen. Bleiben Sie ruhig und wenden Sie den Blick ab. Behalten Sie den Hund aber unauffällig im Auge. Sobald sich der vierbeinige Wächter abwendet, gehen Sie ruhig und ohne Hektik weg. Wenn Sie über oder durch den Gartenzaun verbellt werden oder der Hund zähnefletschend droht, gehen Sie am besten weiter, ohne ihn anzuschauen. Versuchen Sie nicht, sich einem solchen Vierbeiner zu nähern. Das Sprichwort »Hunde, die bellen, beißen nicht« gilt nämlich leider nicht.

Kinder Schon mit dem eigenen Hund sollte man Kinder nicht alleine lassen. Für fremde Hund gilt

das umso mehr. Auch wenn der Vierbeiner Kinder gewohnt ist, heißt das nicht automatisch, dass er bei fremden Kindern genauso reagiert wie bei denen, die zu seinem Rudel gehören. Achten Sie unbedingt darauf, dass Ihr Kind weder dem eigenen Vierbeiner und erst recht nicht einem fremden dessen Spielzeug oder aber den Kauknochen wegnehmen möchte.

Unvorhersehbare **Reaktionen**

ANGELEINT Ist ein Hund angeleint oder führt gerade eine Übung aus, reagiert er Artgenossen gegenüber häufig anders, als wenn er frei laufen und nicht üben würde. An der Leine kann er nicht frei agieren. Behalten Sie deshalb bei solchen Begegnungen sicherheitshalber Ihren Vierbeiner bei sich, selbst wenn der nur allzu gern mit dem Artgenossen spielen möchte!

Häufige Missverständnisse

Die Kommunikation zwischen zwei verschiedenen Arten, wie es Mensch und Hund nun mal sind, bietet viele Möglichkeiten zu Missverständnissen. Die Ursache ist meistens die Vermenschlichung des Vierbeiners. Das Resultat ist, dass man häufig genau das Gegenteil von dem, was man eigentlich als Ziel hatte, erreicht. Hier ein paar klassische Situationen, in denen Hundebesitzer oft falsch reagieren. Dies sind aber nur einige Beispiele. Missverständnisse treten in vielen Situationen auf.

Alarmbereitschaft

Hundebegegnungen Angenommen, Ihr angeleinter Vierbeiner reagiert etwas unfreundlich auf Artgenossen. Sie sehen unterwegs einen Hund kommen, Ihr Adrenalinspiegel steigt abrupt, und Sie straffen die Leine, damit Sie Ihren Vierbeiner gleich im Griff haben. Aus menschlicher Sicht durchaus verständlich, aber dem Hund sagen Sie damit: »Pass auf, da kommt wieder einer.« Ihre Stimmung überträgt sich, wie es häufig geschieht, auf Ihren Hund, und schon ist er in Hab-Acht-Position und bereit, loszulegen. Je öfter das so abläuft, umso schlimmer wird das Verhalten des Vierbeiners. Lenken Sie seine Aufmerksamkeit daher rechtzeitig mit einem leckeren Happen oder seinem Lieblingsspielzeug auf sich und bleiben Sie entspannt. So signalisieren Sie ihm, dass der andere Hund völlig nebensächlich ist und dass es sich wesentlich mehr lohnt, sich auf Sie zu konzentrieren.

Wachen Ihr Hund bellt zu viel, wenn es klingelt, und quetscht sich immer als Erster durch die Tür? Muss man da nicht sehen, dass man schnell an der Tür ist, damit das Bellen ein Ende hat und der Hund nicht Erster ist? Falsch! Sie laufen also aufgeregt zur Tür und schimpfen den Hund vielleicht noch hektisch. Ihrem Hund sagen Sie damit: »Nichts wie hin, da ist wieder einer an der Tür!« Wechseln Sie in diesem Fall z. B. die Klingel aus oder bitten Sie einen Bekannten, mehrmals im Abstand von einigen Minuten zu klingeln. Sie bleiben dabei völlig ruhig etwa am Tisch sitzen und lesen die Zeitung. So wird Ihr Vierbeiner mit der Zeit begreifen, dass es keinen Grund gibt, sich aufzuregen.

Das Falsche belohnen

Angst und Misstrauen Wenn Ihr Vierbeiner z. B. aus Misstrauen oder Unsicherheit Passanten verbellt und Sie ihn beruhigend streicheln, loben Sie ihn dafür. Auch wenn Sie ihm dazu »erklären«, dass die Leute ihm nichts Böses wollen. Er versteht den Sinn Ihrer Worte nicht. Streicheln und Stimmlage sind jedoch Lob für ihn. Das Gleiche gilt, wenn Ihr Liebling vor einem Geräusch oder einem Objekt Angst hat. Je nach Situation und Möglichkeiten lenken Sie Ihren Vierbeiner ab oder gewöhnen ihn allmählich daran. Bleiben Sie aber stets entspannt. Haben Sie das Gefühl, das Problem nicht allein lösen zu können, wenden Sie sich bald an einen erfahrenen Trainer. Das gilt besonders dann, wenn Ihr Hund Probleme mit Menschen hat.

Fehlendes Verhalten belohnen? Angenommen, Ihr Hund jagt gern Enten, die auf einem Teich schwimmen. Sie möchten, dass er das nicht tut, und lassen ihn sitzen, sobald er die Enten wahrnimmt. Er sitzt zwar und jagt nicht hinterher, fixiert dabei aber seine »Beute«. Wenn Sie ihn jetzt loben, dann einerseits für das Sitzen. Aber da Ihr Vierbeiner gleichzeitig auf die Enten starrt, loben Sie ihn auch dafür. Loben Sie ihn nur, wenn er zwar sitzt, aber gleichzeitig seine Aufmerksamkeit auf Sie richtet.

Das Nichtkommen bestrafen? Ihr Hund hört mal wieder nicht auf Ihren Ruf. Innerlich kochen Sie, und als er endlich kommt, gibt's ein großes Donnerwetter. Ihr Vierbeiner versteht nicht, dass Sie ihm in Ihrer Schimpftirade erklären, dass er gefälligst sofort zu kommen hat. Für ihn bedeutet Ihr Verhalten, dass es Ärger gibt, wenn er zu Ihnen kommt. Was wird er also in Zukunft tun? Noch weniger rasch kommen. Denselben Effekt erreichen Sie, wenn Sie drohend auf ihn zugehen. Er wird

stoppen oder ausweichen. Festigen Sie deshalb vor allem den Gehorsam insgesamt und trainieren Sie das Kommen wieder ganz gezielt.

Zu stürmisches Verhalten Manche Hunde springen an ihrem Mensch hoch und rennen hin und her, wenn sie merken, dass es nach draußen geht. Versuchen Sie dann so rasch wie möglich aus dem Haus zu kommen, damit Ihr Vierbeiner sich wieder normal benimmt? So lernt der Hund, dass er umso schneller sein Ziel erreicht, je mehr er sich »aufführt«. Setzen Sie sich in kompletter Ausgehmontur wieder ins Esszimmer und lesen Sie eine Zeitung, bis sich der Hund vollkommen beruhigt hat.

> Ihre Stimmung überträgt sich auf den Hund. Ihr entspanntes Verhalten beim Erkunden eines »unheimlichen Objekts« nimmt Ihrem eher unsicheren Vierbeiner die Angst.

REGISTER

Verbände/Vereine

› Verband für das Deutsche Hundewesen e.V. (VDH)
Postfach 104154
D-44041 Dortmund
www.vdh.de
› Fédération Cynologique Internationale (FCI)
Place Albert 1er, 13
B-6530 Thuin
www.fci.be
› Österreichischer Kynologenverband (ÖKV)
Siegfried-Marcus-Str. 7
A-2362 Biedermannsdorf
www.oekv.at

Wichtiger **Hinweis**

› Haltung Die Haltungsregeln in diesem Buch beziehen sich in erster Linie auf normal entwickelte Hunde aus guter Zucht, also auf gesunde, charakterlich einwandfreie Tiere.

› Versicherung Auch gut erzogene und sorgfältig beaufsichtigte Hunde können Schäden an fremdem Eigentum anrichten oder gar Unfälle verursachen. Der Abschluss einer Hundehaftpflichtversicherung ist in jedem Fall dringend zu empfehlen.

› Allergien Menschen mit Tierhaar-Allergien sollten vor Anschaffung eines Hundes ihren Arzt befragen.

› Schweizerische Kynologische Gesellschaft (SKG/SCS)
Postfach 6276
Ch-3001 Bern
www.hundeweb.org

Anschriften von Hundeclubs und Hundesportvereinen können Sie bei den vorgenannten Verbänden erfragen.

Fragen zur Haltung

beantworten Ihr Zoofachhändler und der Zentralverband Zoologischer Fachbetriebe Deutschlands e.V. (ZZF)
Tel. 0611/44 75 53 32
(Mo 12–16 Uhr, Do 8–12 Uhr)
www.zzf.de

Versicherung

Fast alle Versicherungen bieten auch Haftpflichtversicherungen für Hunde an.

Registrierung von Hunden

› TASSO-Haustierzentralregister e.V.,
Frankfurter Str. 20
D-65795 Hattersheim
www.tiernotrof.org
› Deutsches Haustierregister
Deutscher Tierschutzbund e.V.
Baumschulallee 15
D-53115 Bonn
www.deutsches-haustierregister.de
› Internationale Zentrale Tierregistrierung (IFTA)
Weiherstr. 8
D-88145 Maria Thann
www.tierregistrierung.de

Hunde im Internet

› www.hunde.com
› www.hunde.at
› www.hunde.ch
› www.hundewelt.de
› www.mypetstop.com
› www.hundeadressen.de
› www.ferien-mit-hund.de

Internetportale für Tiermedizin:
› www.tiermedizin.de
› www.smile-tierliebe.de
› www.ggtm.de

Bücher

› Birmelin, Immanuel: Schlauer Hund. Gräfe und Unzer Verlag, München
› Hegewald-Kawich, Horst: Hunderasse von A–Z. Gräfe und Unzer Verlag, München
› Ludwig, Gerd: Praxishandbuch Hunde. Gräfe und Unzer Verlag, München
› Ludwig, Gerd: Die Hunde-Spiele-Box. Gräfe und Unzer Verlag, München.
› Schlegl-Kofler, Katharina: Mein Heimtier: Mein Hund. Gräfe und Unzer Verlag, München

Zeitschriften

› Der Hund. Deutscher Bauernverlag, Berlin, www.derhund.de
› Unser Rassehund.
Verband für das Deutsche Hundewesen e.V., Dortmund, www. unser-rassehund.de
› Dogs. Gruner + Jahr, Hamburg www.dogs-magzin.de
› Partner Hund. Gong Verlag, Ismaning, www.partner-hund.de

Freude am Tier

Die neuen Tierratgeber – da steckt mehr drin

Unser **Welpe**

ISBN 978-3-8338-0595-0
64 Seiten

Hunde-erziehung

ISBN 978-3-8338-0523-3
64 Seiten

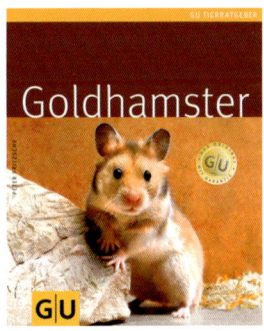

Goldhamster

ISBN 978-3-8338-0870-8
64 Seiten

Preis je Band: **7,90 €**

Streifen-**hörnchen**

ISBN 978-3-8338-0183-9
64 Seiten

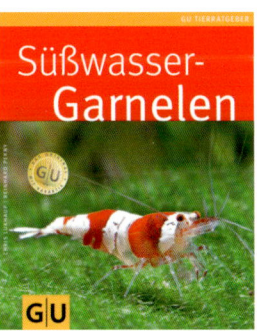

Süßwasser-**Garnelen**

ISBN 978-3-8338-1196-8
64 Seiten

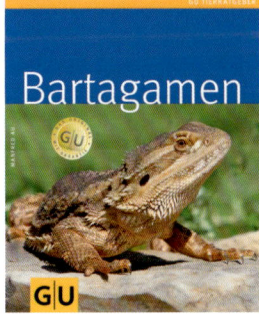

Bartagamen

ISBN 978-3-8338-1164-7
64 Seiten

Änderungen und Irrtum vorbehalten.

Das macht sie so besonders:

Praxiswissen kompakt – vermittelt von GU-Tierexperten

Praktische Klappen – alle Infos auf einen Blick

Die 10 GU-Erfolgstipps – so fühlt sich Ihr Tier wohl

G|U

Willkommen im Leben.

Unsere Garantie

Alle Informationen in diesem Ratgeber sind sorgfältig und gewissenhaft geprüft. Sollte dennoch einmal ein Fehler enthalten sein, schicken Sie uns das Buch mit dem entsprechenden Hinweis an unseren Leserservice zurück. Wir tauschen Ihnen den GU-Ratgeber gegen einen anderen zum gleichen oder ähnlichen Thema um.

Liebe Leserin und lieber Leser,

wir freuen uns, dass Sie sich für ein GU-Buch entschieden haben. Mit Ihrem Kauf setzen Sie auf die Qualität, Kompetenz und Aktualität unserer Ratgeber. Dafür sagen wir Danke! Wir wollen als führender Ratgeberverlag noch besser werden. Daher ist uns Ihre Meinung wichtig. Bitte senden Sie uns Ihre Anregungen, Ihre Kritik oder Ihr Lob zu unseren Büchern. Haben Sie Fragen oder benötigen Sie weiteren Rat zum Thema? Wir freuen uns auf Ihre Nachricht!

Wir sind für Sie da!
Montag – Donnerstag: 8.00 – 18.00 Uhr;
Freitag: 8.00 – 16.00 Uhr *(0,14 €/Min. aus dem dt. Festnetz/
Tel.: 0180 - 5 00 50 54* Mobilfunkpreise
Fax: 0180 - 5 01 20 54* können abweichen.)
E-Mail:
leserservice@graefe-und-unzer.de

P.S.: Wollen Sie noch mehr Aktuelles von GU wissen, dann abonnieren Sie doch unseren kostenlosen GU-Online-Newsletter und/oder unsere kostenlosen Kundenmagazine.

GRÄFE UND UNZER VERLAG
Leserservice
Postfach 86 03 13
81630 München

Programmleitung: Christof Klocker
Leitende Redaktion: Anita Zellner
Redaktion: Gabriele Linke-Grün
Bildredaktion: Natascha Klebl, Gabriele Linke-Grün
Umschlaggestaltung und Layout: independent Medien-Design, München
Herstellung: Elisabeth Märtz
Satz: Uhl + Massopust, Aalen
Reproduktion: Longo AG, Bozen
Druck: Firmengruppe APPL, aprinta druck, Wemding
Bindung: Firmengruppe APPL, sellier druck, Freising

Printed in Germany

ISBN 978-3-8338-1195-1

1. Auflage 2008

Die Autorin

Katharina Schlegl-Kofler – erfahrene Hundetrainerin und anerkannte Expertin in Sachen artgerechter Hundehaltung – beschäftigt sich schon lange intensiv mit den Vierbeinern und ihrem Verhalten. In ihrer Hundeschule, die sie seit vielen Jahren hat, finden Hundehalter tatkräftige Hilfe. Sie selbst hält seit Langem Labrador Retriever.

Die Fotografin

Monika Wegler gehört zu den besten Heimtier-Fotografen Europas. Auch als Journalistin und Tierbuch-Autorin ist sie sehr erfolgreich. Bekannt wurde sie unter anderem durch ihre Kalender. www.wegler.de
Alle Fotos in diesem Buch stammen von ihr mit Ausnahme von: Christine Steimer: S. 6, 23, 48, 53, 59; Juniors S. 7-1, 7-2, 36; Juniors/Stuewer: S. 17-1; Oliver Giel: S. 22-1, 54; Regina Kuhn: S. 49.

GRÄFE UND UNZER

Ein Unternehmen der
GANSKE VERLAGSGRUPPE